03 1014

Deutsche Bundesbahn
Ein Rückblick auf die Jahre 1949–68

Burkhard Wollny und Andreas Knipping

Burkhard Wollny
Andreas Knipping

Deutsche Bundesbahn

Ein Rückblick auf die Jahre 1949–68

transpress

Einbandgestaltung: Andreas Pflaum
Titelbild: Köln Hbf, Anfang der 60er Jahre
Sammlung Asmus

Vorderer Vorsatz: 01 194 verläßt den Kölner Hauptbahnhof der fünfziger Jahre mit einem F-Zug. Die Lokomotive wurde von Henschel gebaut und am 31. Dezember 1936 abgenommen. Von 1. Oktober 1950 bis 31. Januar 1957 war sie beim Bw Hamm P beheimatet, das für die Bespannung zahlreicher F-Züge zuständig war. 1959 erhielt sie einen neuen Hochleistungskessel. Ebenfalls 1959 wurde der Kölner Hauptbahnhof elektrifiziert. Die ersten beiden Wagen gehören zu den etwa 75 Schnellzugwagen der Vorkriegsbauarten, die 1951/52 für die neuen »F-Züge« aufgearbeitet und blau lackiert worden waren.
Aquarell von Heribert Schröpfer

Hinterer Vorsatz: 03 1014 befährt mit F 164 »Rheingold-Expreß« die linke Rheinstrecke gegenüber von Kaub. Die Lok war nach Abbau der Stromlinienverkleidung und umfassender Aufarbeitung am 22. Juni 1950 wieder in Betrieb genommen worden und war in der Folgezeit bis zur Ausrüstung mit einem neuen Hochleistungskessel fast durchgehend beim Bw Dortmund Bbf stationiert. Versuchsweise trugen 03 1014, 1022 und 1043 kurzzeitig eine blaue Lackierung. Der »Rheingold-Expreß« (ab 1954 nur »Rheingold«) mit dem Laufweg Basel SBB–Hoek van Holland–Basel SBB führte von 1951 bis 1952 die Zugnummern F 163/164. Die Wagen gehören zu den 18 Sitz- und drei Gepäckwagen der Schürzenbauart aus der letzten Vorkriegszeit, die 1951 für den neuen »Rheingold-Expreß« aufgearbeitet, blau lackiert und mit dem Schriftzug »DEUTSCHE BUNDESBAHN« in aluminiumfarbenen Buchstaben versehen worden waren. Auf der linken Rheinstrecke wurde von Ludwigshafen bis Remagen 1958 der elektrische Betrieb aufgenommen.
Aquarell von Heribert Schröpfer

ISBN: 3-613-71068-4

Ein Unternehmen der Paul Pietsch Verlage
GmbH + Co.
1. Auflage 1997

Lektorat: Claus-Jürgen Jacobson
Innengestaltung: Viktor Stern
Reproduktion: Repro Schmid, 70469 Stuttgart
Druck: Rung-Druck, 73033 Göppingen
Bindung: Heinrich Koch, 72072 Tübingen
Printed in Germany

Inhalt

Einleitung

Noch immer nennen viele die »DB« aus alter Gewohnheit »Deutsche Bundesbahn« oder kurz »Bundesbahn«. Doch schon seit der Jahreswende 1993/94 ist diese Bezeichnung nicht mehr aktuell, hat doch die »Bahnreform« aus der Bundesbahn und der Deutschen Reichsbahn eine privatwirtschaftlich konzipierte »Deutsche Bahn« entstehen lassen. Schon gewinnt das als »gemütlich« empfundene rundliche alte DB-Signum einen Hauch von Nostalgie, schon beginnen neue Fahrzeuge, neue Farben, neue Begriffe das Bild der Eisenbahn in Deutschland zu prägen. So mag der zeitliche Abstand gerade groß genug sein, um einen fotografischen Rückblick auf die Zeit der Deutschen Bundesbahn zu wagen.

Fast 45 Jahre lang gab es eine Bahn dieses Namens. Am Beginn dieses langen Zeitraums wuchs die Bundesrepublik Deutschland gerade erst aus den drei Westzonen zusammen, an vielen Güterwagen stand noch die Anschrift »DR Brit-US-Zone«, die Bahn beförderte vom Kriege gezeichnete Reisende mit schmucklosen Zügen zwischen notdürftig instandgesetzten Bahnhöfen. Am Ende dieses Zeitraums war die Deutsche Bundesbahn eine von zwei Staatsbahnen in einem vereinigten Deutschland. Sie war von modernster Technik, von Automatisierung und Elektronik geprägt, sie fuhr auf Neubaustrecken mit 250 Stundenkilometern – und kämpfte mühsamer denn je um Marktanteile auf einem vom Auto beherrschten europäischen Verkehrsmarkt.

Für unseren Überblick haben wir diesen Zeitraum geteilt. Dieser Band soll von der Nachkriegszeit bis etwa 1968/69 reichen. Das Jahr 1968 ist jedem Eisenbahnfotografen als Zäsur bekannt: Die Lokomotiven erhielten damals EDV-taugliche Nummern. Die seinerzeit aktiven Eisenbahnfreunde vermerkten es mit Bedauern, daß die Maschinen ihre glänzenden Metallschilder gegen schlichte Ziffernfolgen in Siebdruck oder Abziehbild eintauschen mußten. Obwohl noch einige Dampflokomotiven an dieser Umzeichnung teilhatten, übersah doch kein Kenner der Materie, daß das neue Nummernsystem bereits für eine Zeit nach der Dampflok geschaffen war und den letzten schwarzen Veteranen nur noch Gastrecht in der Nummerngruppe »Null« einräumte. Für die Zeitenwende weg von der Dampflokomotive setzte das Jahr 1968 auch mit dem Abschluß der Elektrifizierung der großen Fernstrecken ein Zeichen: Mit der Aufnahme des elektrischen Betriebes vom Ruhrgebiet nach Hannover bzw. nach Bremen–Hamburg wurde die Dampflok endgültig aus dem hochwertigen Fernverkehr verdrängt.

Wir haben die Bilder für dieses Buch unter dem Aspekt ausgewählt, daß sie die Bundesbahn zu ihrer Zeit, mit ihren Zeitgenossen und in ihrer Umgebung zeigen. Auch unter solchen Blickwinkeln bietet sich eine Unterbrechung mit dem Ende der sechziger Jahre an: Mit der ersten Abkühlung des »Wirtschaftswunders« im Gefolge der »Kohlenkrise« von 1966, mit dem Abschied von Ludwig Erhard aus der Regierungspolitik und der Bildung der großen Koalition im selben Jahr, mit dem Tode Adenauers 1967, mit den Studentenunruhen der Jahre 1968/69 und schließlich mit der Wahl von Willy Brandt zum Bundeskanzler 1969 und dem Beginn der Entspannungspolitik wechselten nach zwanzig Jahren Nachkriegsgeschichte deutlich die Vorzeichen bundesrepublikanischer Politik und Befindlichkeit.

Und noch etwas änderte sich ziemlich genau in den Jahren 1967/68! Seit damals begleitet eine Hobbypresse den Lokomotivfreund mit gezielten Hinweisen zu den Heimatbetriebswerken und Einsatzstrecken seltener Fahrzeuge. Bei der Betrachtung so mancher seltenen Dampflokomotive in diesem Buch sollten wir daran denken, wie schwer es für die kleine Schar ernsthafter Fotografen vor der Schaffung entsprechender Zeitschriften war, eine bayerische Pt 2/2 aufzuspüren oder die Fahrzeiten einer 05 oder einer 10 zu ermitteln.

Bei der Sichtung einiger tausend Eisenbahnfotos aus Bundesdeutschland von den späten vierziger bis zu den späten sechziger Jahren haben sich Gesamteindrücke ergeben, die für die Gliederung der Kapitel maßgeblich wurden:

Die in unsere Betrachtung ein wenig mit einbezogene Geschichte der Reichsbahn in den Westzonen zwischen 1945 und 1949 und die frühen Jahre der Bundesbahn waren von den Schatten des Krieges verdüstert. Flüchtlinge und Hamsterer bevölkerten die Personen- und Güterzüge, schadhafte Fahrzeuge aus halb Europa waren in endlosen Reihen abgestellt, immense Zerstörungen an Bahnhöfen und Brücken waren noch in den fünfziger Jahren unübersehbar.

Aufgrund ihrer Unverzichtbarkeit für das Leben und Überleben des Volkes befand sich unübersehbar allerorten die Bundesbahn im Wiederaufbau. Die Bilder, die etwa die Aufrichtung gesprengter Brücken zeigen, stammen aus einer

Zeit, in der das Wiederingangkommen der Eisenbahn nicht nur wirtschaftlich von höchster Priorität, sondern auch psychologisch von großem Symbolwert war, hatte doch die Eisenbahn damals einen sehr viel zentraleren Platz im Alltag und im Wirkungskreislauf der Wirtschaft als die »Deutsche Bahn« unserer Tage. Ohne die Kohlenzüge brannte im Lande kein Ofen und kein Herd, leuchtete keine Glühbirne und lief keine Fabrik.

Der – damals noch kleine – mobile Teil der Bevölkerung konnte mit wenigen Ausnahmen nicht auf die Bahn verzichten. Als die letzten Kriegsgefangenen und Spätheimkehrer an der innerdeutschen Demarkationslinie ankamen, waren fröhlichere »Eingeborene von Trizonesien« schon in Ausflugssonderzügen mit »Tanzwagen« unterwegs. Politiker und Geschäftsleute schätzten die blauen F-Züge und im zusammenwachsenden Europa alsbald auch den »TEE«. Wer sich Moped, Motorrad oder Auto noch nicht leisten konnte, war als Berufspendler oder Urlauber fürs erste auf die DB angewiesen. »Fahrschüler« und Studenten fuhren mit der Bahn zu den höheren Schulen und Universitäten. Selbst jene, die weder reisen wollten noch mußten, begegneten tagtäglich der Deutschen Bundesbahn, wenn sie nämlich an den Schranken der vielen Bahnübergänge geduldig warten mußten. In den Kapiteln »Züge, Zugpassagiere und Zaungäste« und »Bundesbahn und Straße« werden Erinnerungen an solche Alltagserfahrungen lebendig.

Ein weit größerer Teil der berufstätigen Bevölkerung als heute verdiente in den fünfziger und sechziger Jahren seinen Lebensunterhalt bei der Bahn. Der »Arbeitsplatz Deutsche Bundesbahn« hatte viele Gesichter: Schwerste körperliche Arbeit war im Gleisbau und in den Gießereien der Ausbesserungswerke gefordert. Dampflokomotiven und die älteren Elloks verlangten Stunde um Stunde nach Ölkanne, Schraubenschlüssel und Putzwolle. Kohlen schaufelten die Heizer auf tausenden von Dampflokomotiven, aber auch auf Schiffen und in den Heizungskellern der Dienstgebäude. In zahllosen Stellwerken und Schrankenwärterhäusern bedienten Männer und Frauen rund um die Uhr die mechanische oder elektromechanische Sicherheitstechnik. An den Bahnsteigsperren wachten die Fahrkartenzwicker, auf den Bahnsteigen boten Gepäckträger, Würstchen- und Zeitungsverkäufer und Aufsichts- und Auskunftsbeamte so manchen Service an, den die angebliche »Dienstleistungsgesellschaft« unserer Zeit längst wegrationalisiert hat. Ein Kapitel über schwere Arbeit wie auch über die Vielfalt des Dampfbetriebes ist auch der Streifzug durch die Bahnbetriebswerke der Bundesbahn, ein Streifzug, den die obrigkeitlich denkende und von Spionageängsten des kalten Krieges geplagte Bahn von damals dem betriebsfremden Interessenten nicht ohne weiteres erlaubte.

Bevor in den sechziger Jahren schon die ersten empfindlichen Streckenstillegungen wirksam wurden, fuhr die Bundesbahn noch »überall hin«, sei es auf einer normalspurigen Nebenbahn, sei es auf 750 oder 1000 mm Schmalspur, sei es mit der Fähre oder auch schon mit dem Bahnbus und dem LKW oder gar mit dem wechselweise einsetzbaren »Schiene-Straße-Bus«. Und sie beförderte alles! Schlachtvieh und Reitpferde, Milch und Bier, Seefische und Frischfleisch, Kühlschränke und Goggomobile, Briefe und Pakete, Expreßgut, Stückgut und Dienstpost. Bei der Betrachtung der Bilder in den Kapiteln »Bundesbahn in der Fläche« und »Güter gehör(t!)en auf die Bahn« gerät man schnell ins Nachdenken, ob der – hier erzwungene, dort mit eigenem Übereifer betriebene – Rückzug der Bahn aus so vielen Geschäftsbereichen und so vielen Regionen in den siebziger, achtziger und neunziger Jahren volks- und betriebswirtschaftlich, kulturell und ökologisch der Weisheit letzter Schluß war.

Die Bundesbahn war aber nicht etwa provinziell! Auch »große Bahnhöfe« und »große Loks und Züge« gehören zum Spektrum unserer Betrachtung, große Hallenbahnhöfe, die damals noch von Rauch und Dampf vernebelt wurden und Schienenstars, deren Vielfalt von der 05 bis zur E 19 und vom F-Zug bis zum TEE reichte.

Jeder Eisenbahnfreund hat seine Freude an der Begegnung mit der »alten Bundesbahn«, die in den fünfziger und frühen sechziger Jahren noch sehr lebendig war. Noch so manche bayerische, badische, württembergische und preußische Lokomotive aus der Zeit vor dem Ersten Weltkrieg war unter Dampf, die eine oder andere Maschine und so mancher Wagen stammte gar aus dem vorigen Jahrhundert. Auch von den elektrischen Fahrzeugen, die per Oberleitung, Stromschiene oder Batterie mit Gleich- oder Wechselstrom verschiedenster Systeme versorgt wurden, waren manche schon sehr in die Jahre gekommen. Vielerorts ergaben Lokomotiven, Züge, Bahnsteigdächer, Signale und Telegrafenleitungen noch jenes Gesamtbild, das keine Sonderfahrt von heute mehr herstellen kann und um das sich mit um so größerem Perfektionismus die Modellbahner bemühen.

Wer einen Blick dafür hatte, konnte damals mühelos Lokomotiven und Züge aus verschiedenen Epochen auf einem Bild vereinigen. Die glänzende Neubaudampflok schleppte preußische Abteilwagen, die Lok aus Kaisers Zeiten begegnete dem Schnelltriebwagen. Allenthalben wurde gebaut, wurde Backstein durch Beton ergänzt, Schmiedeeisen durch Stahl ersetzt, wurden Fahrleitungen gespannt und Lichtsignale montiert. Um den Umfang des »Strukturwandels in der Zugförderung« zu ermessen, muß man sich vorstellen, daß über jahrelang im Durchschnitt an jedem einzelnen Tag zwei Dampflokomotiven aus dem Betrieb gezogen wurden. Rücksichten auf das technische und bauliche Erbe waren einem Zeitgeist, der in Politik und Moral Konservierung um jeden Preis auf seine Fahnen geschrieben hatte, herzlich fremd. Niemand begehrte auf, wenn großzügige Bahnhofsgebäude der Länderbahnzeit ohne besonderen Grund durch primitive Verkaufspavillons ersetzt wurden; und zur Erinnerung ans Dampflokerbe hielt man ein paar kleine Tenderloks auf Kinderspielplätzen für ausreichend.

Auch die Kleidung der Reisenden, die Autos vor den Schranken und die Siedlungen rechts und links der Strecken veränderten ihr Aussehen. Das Kapitel »Bundesbahn im Wandel« zeigt eine sich wandelnde Bahn in einer moderner werdenden Industriegesellschaft.

Auch wenn wohlfeiler Spott über die »Behördenbahn« es heute nicht mehr wissen will: Nach den Maßstäben ihrer Zeit war die Bundesbahn von einst immer schon eine moderne Bundesbahn. Sieben, acht Jahre nach der Kapitulation versuchte die DB, die Dampflokomotive leistungsfähiger und wirtschaftlicher zu machen, baute sie weitgehend geschweißte neue Dampfloks und begann die Nietreihen in den Kesseln der vorhandenen Loks durch Schweißnähte zu ersetzen. Mit Vorkriegsfahrzeugen schuf die DB schon 1951 ein weltweit beachtetes Netz von »F-Zügen«, das alsbald auch mit neuen Schnelltriebwagen verstärkt wurde. Entgegen dem weltweiten Trend setzten Bundesbahn und westdeutsche Industrie bei der Fortentwicklung der Motorzugförderung auf den schnellaufenden Dieselmotor und die hydraulische Kraftübertragung. Auch dieses Konzept bewährt sich bis heute und wurde zudem zum Exportschlager. In mehrere Länder lieferte die Industrie auch den so schlichten wie originellen Schienenbus der DB. Eine handvoll neue Elektrolokomotiven wurden zu Prototypen für tausende von Maschinen, auf die auch die »neue Bahn« noch lange nicht wird verzichten können. Mit der lückenlosen Schweißung der Schienen und mit der Technik der Gleisbildstellwerke setzte sich die DB technologisch an die Weltspitze. Die 26,4 m langen neuen Schnellzugwagen wurden in vielen Ländern zur Norm. Mit Wechselbehältern für Güterwagen und LKW nahm man Ideen des späteren Containersystems vorweg. Chronische Finanzprobleme einer von der Politik alleingelassenen Bahn begrenzten einerseits die Investitionsspielräume, erzwangen aber andererseits um so mehr an Innovation. Mit der Farbwahl des aristokratischen Blau für F-Züge und schnelle Elloks, eines gepflegten Weinrots für Speise- und Schlafwagen, einer modischen rot-silber-schwarz-Kombination für die neuen Dieselfahrzeuge und eines schlichten Grüns für die Masse der Personenwagen und der Elloks schufen die »verknöcherten Beamten« mühelos und mit Geltung für Jahrzehnte das, was externe Studios heute der »Neuen Bahn« für sehr viel Geld als kurzlebige Versatzstücke einer »Corporate Identity« verkaufen.

In der Erinnerung an eine Zeit der Öffnung nach Europa im Süden, Westen und Norden bei gleichzeitiger Abschottung des Ostens darf das Kapitel »Bundesbahn an der Grenze« nicht fehlen, und an den nassen Grenzen der Republik arbeitete eine »Bundesbahn an der Küste«.

Fast jedes Kapitel könnte den Titel »Dampf über der Bundesbahn« tragen, unter dem wir am Ende des Buches noch einmal eine Folge besonders schöner Bilder vom Dampfbetrieb der fünfziger und sechziger Jahre zusammengefaßt haben. Mit diesem Kapitel liefern die Verfasser selbst ihr persönliches Bekenntnis zum Eisenbahnparadies ihrer Kindheit. Wir beide, 1950 und 1952 geboren, haben die Dampfeisenbahn zu Adenauers und Erhards Zeiten nur gerade eben noch kennengelernt. Um in jenen Jahren auch systematisch zu fotografieren, waren wir noch zu jung. Doch mit Meisterwerken etwas älterer Bildkünstler können wir jene Bundesbahn von einst lebendig werden lassen, die für uns und unsere Generation von Eisenbahnfreunden zum unverlierbaren Schatz an Kindheits- und Jugenderinnerungen gehört und die uns zum Gegenstand einer wohl lebenslangen Sehnsucht geworden ist.

Es gilt nun noch Dank zu sagen all denen, die uns für unser Buch mit einer überraschenden Fülle von Bildern aus eigenem fotografischen Schaffen oder aus langjähriger Sammelarbeit unterstützt haben. Ein Wort zu den Geschichten der Bilder: Wir konnten aus Fotografien auswählen, die aus ganz unterschiedlichen Motivationen heraus gefertigt wurden. Offizielle Pressebilder wechseln ab mit den Aufnahmen von Eisenbahnamateuren, zeitgenössische Ansichtskarten mit den Werken professioneller Fotokünstler. Werksarchive und private Fotoalben erwiesen sich als ergiebig. Gerade die Vielfalt des Materials zwingt zu schmerzlicher Beschränkung: Lange nicht jede Lokomotivbaureihe, nicht jede schöne Strecke, nicht jeder wichtige Bahnhof konnten verewigt werden. Unser Ziel war kein Katalog und keine Chronik, sondern ein Album von Lokomotiven, Leuten und Landschaften.

Burkhard Wollny und Andreas Knipping,
Stuttgart und Eichenau im Mai 1997

Schatten des Krieges

Wenige Jahre bevor es eine Bundesrepublik und eine Bundesbahn gab, konnten sich diejenigen, die auf Reisen gehen mußten, schon glücklich schätzen, wenn sie überhaupt in – oder auf! – einem Zug Platz fanden. Hier dürften es Hamsterer sein, die 1945 einen in Elmshorn auf Ausfahrt wartenden Güterzug bevölkern. Was damals niemanden interessierte: Den Wagen rechts haben die Amerikaner mit nach Deutschland gebracht, der nächste ist ein alter Franzose und nach dem Güterzuggepäckwagen ist ein Italiener eingereiht.

Aufnahme: DB, Sammlung Neumann

Im Jahre 1945 verpflegte in Elmshorn die »Fahrbare Notküche der RBD Hamburg No. 2« (Ordnung muß sein!) Eisenbahner und Reisende am Bahnsteig. Der Hunger war Deutschlands größtes Problem, gefolgt vom Mangel an Brennstoff und an Wohnraum. In Schleswig-Holstein mußten nach Flucht und Vertreibung aus dem Osten 62 Prozent mehr Menschen ernährt und untergebracht werden als vor dem Krieg, allein in Kiel waren 58 Prozent des Wohnraums zerstört! Erst der Chronist unserer Zeit nimmt vom Güterzuggepäckwagen süddeutscher Bauform mit eckigem Dachaufbau und von der 50 320 Notiz.

Aufnahme: DB, Sammlung Neumann

Im April 1948 fuhr die 38 1878 des Bw Lübeck durch die Trümmerlandschaft von Hamburg-Hasselbrook in Richtung Hauptbahnhof. Von den Wohngebäuden der Stadt hatten die Bomben 53 % zerstört, die Feuerstürme hatten vielen tausend Bewohnern einen schrecklichen Tod gebracht. Vor diesem Hintergrund erscheint unser Interesse für das links vom Streckengleis stehende Hauptsignal und für die Oberleitung der Wechselstrom-S-Bahn fast makaber.

Aufnahme links: DB, Sammlung Eggerstedt

Nicht minder nachdenklich stimmt das Bild der Schwesterlok 38 2868 vom Bw Calw einige hundert Kilometer weiter südlich: Es entstand am 22.12.1948 im Hauptbahnhof Pforzheim. Diese Stadt hatte durch den Luftkrieg 62 Prozent ihrer Substanz eingebüßt. Wie stark hier die Züge gebrannt hatten, lassen die ausgeglühten und verbogenen Träger des Bahnsteigdaches erkennen. Die Lok besitzt nur links ein Windleitblech. Weiter hinten fährt eine 93.5 vorbei, ein Mast der Signalbrücke hat keinen Flügel.

Aufnahme unten: Sammlung Graf

Es fehlte im Nachkriegsdeutschland nicht an Lokomotiven, wenn es nach der reinen Stückzahl ging. Auf einem anderen Blatt standen aber Zustand und Zusammensetzung jener 17 729 Regelspur-Dampflokomotiven, die man bis Ende 1945 in den drei Westzonen gezählt hatte. Große Teile des Bestandes waren kriegszerstört, fast alle Maschinen mangelhaft unterhalten und viele völlig veraltet. Bei den Kriegsloks der Reihen 42 und 52 ließ die Fertigungsqualität zu wünschen übrig, Fundstücke aus halb Europa waren entweder kaum mehr brauchbar oder unterlagen Rückforderungsansprüchen der Heimatbahnen.
Die 58 1301 gehörte neben der 44er und 50er zu der überflüssig gewordenen preußischen Gattung G 12. Das Laufschild hatte sie vom RAW Esslingen zum Bahnhof Stuttgart-Vaihingen beordert, wo sie im Vollzug der 1949/50 befohlenen »Amerika-Schrottaktion« 1949/50 bereits weitgehend zerlegt ist.
Aufnahme: Doh

Der Fotograf blickte im April 1948 in Langenfelde bei Hamburg vom Führerhausdach einer 50 auf eine 78 und eine weitere 50. Sie alle harrten der Ausbesserung. Die Lok rechts gehört zu den zahlreich vorhandenen »Fremdlokomotiven«, die auf den unterschiedlichsten Wegen zwischen 1938 und 1945 ins Reich gekommen waren. Es handelt sich um einen betagten Vierkuppler der Süd-West-Region der SNCF, der als »Leihlok« 1942 nach Deutschland geholt worden war, als immer mehr deutsche Maschinen in Rußland festlagen. Immerhin hat der Veteran Rechtssteuerung und hatte das deutsche Personal nicht zum Platzwechsel gezwungen. Es folgt die 52 2160, die trotz ihres jugendlichen Alters nie wieder in Fahrt kommen sollte. Die neben der Französin älteste Lok im Bild ist als einzige betriebsfähig: Rechts dampft eine 74 oder 92 vorbei.
Aufnahme: DB, Sammlung Neumann

Die Baureihe 50 im besetzten Deutschland: 50 2041 ÜK ist anno 1946 irgendwo in der RBD Hamburg von britischen Besatzungssoldaten umringt. Eine Entscheidung der Siegermächte sollte auch für das weitere Schicksal der Lok bestimmend werden: 1951 mußte sie nach Belgien abgegeben werden, wo sie unter deutscher Besetzung gebaut worden war.

Aufnahme: DB, Sammlung Neumann

Einen eigenartigen Zwangsruhestand erlebte in der Nachkriegszeit die 50 2501 vom Bw Braunschweig Hbf: Nachdem sie einen Zug aus der britischen Zone in die Westsektoren Berlins gebracht hatte, wurde sie dort von der sowjetischen Blockade überrascht und war von Juni 1948 bis Mai 1949 abgestellt. Auf dem Foto sehen wir, wie sie vor der Aufhebung der Blockade zum 12. Mai 1949 in Grunewald gerade wieder flottgemacht wird, um ihre Rückkehr ins westliche Besatzungsgebiet anzutreten, das wenige Tage später zur Bundesrepublik Deutschland werden sollte.

Aufnahme: Sammlung Knipping

In sehr unterschiedlicher Gestalt konnte man nach dem Krieg die letztgebauten Dampflokstars der »großdeutschen« Reichsbahn antreffen:
Die 03^{10} tat in der frühen Nachkriegszeit in München mit freigelegtem Triebwerk und völlig desolater Stromlinienverkleidung Dienst. Eingesetzt war sie vor allem auf der wenig prestigeträchtigen Strecke nach Mühldorf.

Aufnahme: Sammlung Knipping

Die 01 1054 hat zur Aufnahmezeit 1955 bereits ihren neuen Hochleistungskessel (ein Meisterwerk des Bundesbahn-Dampflokbaus!) erhalten und zeigt sich in makellosem Zustand. Die unschöne Unterbringung der Sandkästen auf dem Umlauf wurde alsbald wieder aufgegeben. Schatten des Krieges liegen aber auch auf diesem Motiv: Durch die zerbrochenen Scheiben der rostigen Hallenkonstruktion des Karlsruher Hauptbahnhofes pfeift der Wind.

Aufnahme: Jahn

Eine der am längsten anhaltenden Auswirkungen des zweiten Weltkrieges war die deutsche Teilung. Sie prägte das Eisenbahnwesen in Ost und West in vielfacher Weise. Nur eine der Besonderheiten der Nachkriegsjahrzehnte war der »Interzonenverkehr«.
Noch Mitte der fünfziger Jahre verbreiteten die Reisenden aus Berlin und »von drüben« in dem von der Demarkationslinie weit entfernten München die Atmosphäre der frühen Nachkriegszeit. Man sieht ihnen an, daß sie nicht zum Vergnügen die ganze Winternacht und den halben Vormittag unterwegs gewesen waren. Der Lokomotivhistoriker vermerkt die beiden unterschiedlichen Stromabnehmer auf einem der edelsten Rennpferde der Reichsbahnzeit, der E 19 12.

Sammlung Knipping

Unten: In tiefer Nacht hatte der D 150 von Probstzella aus den »Interzonen-Übergangsbahnhof Ludwigsstadt/Bay.« erreicht. Von dort aus konnte man mit der gezeigten Ansichtskarte von seiner Ankunft im »goldenen Westen« berichten. In Ludwigsstadt hielt das Rote Kreuz auch Ende der siebziger Jahre nächtens noch heißen Tee bereit, gerade so, als ob noch immer entkräftete Kriegsgefangene und überanstrengte Sowjetzonenflüchtlinge aus den Zügen taumeln würden.

Aufnahme: Sammlung Knipping

Eine typische Erscheinung der Nachkriegszeit war die Nutzung von Eisenbahnwagen und Wagenkästen für die verschiedensten Funktionen. Für den Modellbahner interessant ist gewiß das Behelfsstellwerk von Kornwestheim Gbf, das aus einem alten bayerischen Personenwagen besteht, der wie ein Beamter am Ende seiner Laufbahn seine höchste Stellung erreicht hat. Sogar die Klassenbezeichnung »2« ist ihm erhalten geblieben.

Aufnahme rechts: Bolay

Vorserienlok V 60 003 vertritt am 29. Juni 1956 in Hamburg-Harburg die neue Zeit. An wirre Jahre erinnert die Reihe von Dienstwagen im Hintergrund: Der Zweiachser links gehört zu den Güterwagen, die die Amerikaner mit nach Europa gebracht hatten. Sein kleines Lichtraumprofil war mit Rücksicht auf die britischen Normen gewählt. Daneben steht ein robuster Vierachser, den man 1941/42 in der Sowjetunion erbeutet hatte. Ihm folgt ein preußischer Tender, der etwa hinter einer G 5 oder G 7 bereits den ersten Weltkrieg mitgemacht hatte. Der anschließende »Floridsdorfer Steifrahmentender« hatte zu einer 52 gehört, bevor er zum Wasserwagen degradiert worden war. Der folgende Tonnendachwagen könnte aus Norwegen stammen.

Aufnahme unten: Montfort

Bundesbahn im Wiederaufbau

Die Zerstörung zahlreicher Brücken durch die zurückweichenden eigenen Truppen in den letzten Wochen des ersichtlich verlorenen Zweiten Weltkrieges gehörte zu den sinnlosesten Maßnahmen des Krieges. Der Wiederherstellung weitgespannter Viadukte kam besondere Symbolwirkung zu. Die Aufnahmen zeigen erste Arbeiten am gesprengten Nesenbachviadukt in Stuttgart-Vaihingen. Am 13. August 1946 war er wieder befahrbar.
Aufnahme: Doh

Von hohem ästhetischem Reiz sind die beim Wiederaufbau großer Talbrücken entstandenen weithin sichtbaren kunstvollen Kombinationen von alt und neu, von gemauerten Pfeilern, klassischem Stahlfachwerk und Behelfsteilen aus den Baukästen deutscher und alliierter Kriegsbrückentechnik.
Vom alten Stockerbachviadukt bei Dornstetten östlich von Freudenstadt in der französischen Zone ist am Ostende nur ein Pfeiler und ein Teil des äußersten Tragwerkes übriggeblieben, das noch vor dem Pfeiler in die Behelfsbrücke eingebunden ist. Eine P 8 mit nur zwei Wagen überquert das Tal. Als die Deutsche Bundesbahn 1949 gegründet worden war, hatte zwischen Dornstetten und Freudenstadt noch Schienenersatzverkehr geherrscht, 1951 rollten die Züge wieder übers Tal.
Aufnahme: Doh

Nicht ganz so hart hat es den Viadukt zwischen Waiblingen und Neustadt (Württ) nordöstlich von Stuttgart getroffen. Außer einem Zwischenpfeiler und einer kurzen Behelfsüberbrückung hat er jedoch eine Nachrüstung der alten Fachwerküberbauten mit Untergurten nötig gehabt. Befahrbar war die Brücke bereits 1946. Die 93 führt einen Zug, in dem hinter dem Packwagen zwei Pärchen aus Stuttgarter Vorortwagen mit Mitteleinstieg einen Zweiachser der Einheitsbauart einrahmen.
Aufnahme: Doh

Beim endgültigen Wiederaufbau der Fuldabrücke bei Guntershausen auf der Strecke Kassel–Bebra setzte man in die Sprenglücke des gemauerten Viadukts einen Stahlbetonhohlbogen von 100 Metern Stützweite und fast 20 Metern Höhe. Oben fährt eine 50 mit einem Güterzug während der Bauzeit über das Provisorium, unten befährt eine 44 den mit Girlanden geschmückten Neubau, der 1952 vollendet war. Noch residiert nach der Lok jedes Güterzuges ein Zugführer in seinem Packwagen.

Aufnahmen: Först, Sammlung Knipping

E 17 13 führte am 6. Oktober 1951 den ersten elektrischen Probezug von Bietigheim nach Mühlacker. Am nächsten Tag wurde der elektrische Betrieb offiziell aufgenommen. Insbesondere mit den Strecken Nürnberg–Regensburg, Lichtenfels–Coburg und Stuttgart–Mühlacker konnten von 1949 bis 1951 bereits 182,7 Streckenkilometer neu elektrifiziert werden. Der Wiederaufbau mündete bereits in eine Modernisierung über den Vorkriegsstand. Wieder drängt sich ein Vergleich mit den Verhältnissen in der »Ostzone« auf, wo 1946 alle Einrichtungen des elektrischen Oberleitungsbetriebes demontiert worden waren. *Aufnahme: Queitsch, Sammlung Pavel*

Die E 17 zur Wiederaufbauzeit:
E 17 104 war die geschmückte Zuglok des »Württemberg-Badischen Weihnachtszuges 1949«. Es handelte sich um eine rollende Verkaufsausstellung. Eineinhalb Jahre nach der Währungsreform warb die Wirtschaft schon wieder um Kunden, während in der DDR noch jahrzehntelang die Kundschaft nach Angeboten fahnden mußte.
Aufnahme: Sammlung Knipping

Die alte Bundesbahn

Hatte mancherorts schon die Vorkriegssreichsbahn Anlagen und Fahrzeuge nachhaltig modernisiert und hatte anderswo der Bombenkrieg einen Kahlschlag hinterlassen, der großzügigen Neubeginn erforderte – und möglich machte! –, so konnte man draußen auf dem Land noch 1955 oder 1960 Fotos aufnehmen, die bis auf wenige Details etwa bei der Beschriftung der Loks und Wagen auch von 1930 stammen könnten.
Ein schönes Beispiel ist der vollständig originale bayerische Lokalbahnzug, der Anfang der fünfziger Jahre in Mindelheim auf die Abfahrt nach Kirchheim (Schwaben) wartete. Das »Glaskastl« 98 312 hat seine Metallschilder der Buntmetallsammlung im Krieg opfern müssen, die Wagen zeigen noch die Klassenbezeichnung »3«. Die dritte Klasse wurde 1956 abgeschafft, die Lok 1957 ausgemustert.

Aufnahme: Müller, Sammlung Asmus

Genauso klassisch war der Anblick, der sich am 21. September 1963 in Mudau bot. Die Borsigmaschine 99 7204 der Meterspurbahn Mosbach–Mudau im nördlichen Baden stand am Aufnahmetag kurz vor Vollendung des sechzigsten Betriebsjahres. Auch die Wagen gehörten zur Erstausstattung. 1964 wurden die Dampfloks durch Dieselloks abgelöst, 1973 wurde die Strecke stillgelegt.

Aufnahme: Blaschke

Ein Universum »alter Eisenbahn« waren die bayerischen Lokalbahnen, bevor der Schienenbus in die Idylle eindrang oder die Stillegung sie ganz beseitigte. Unsere Doppelseite erinnert an die bayerische GtL 4/4 oder 98^8 der DB. 98 842 war 1954 auf der oberpfälzischen Strecke Bodenwöhr–Nittenau unterwegs, die 1907 eröffnet worden war und auf der der Personenverkehr bereits 1955 endete. Wagen und Signal sind original bayerisch.
Aufnahme: Turnwald

Gäbe es ein Eisenbahnparadies, so dürfte darin jene Stelle im niederbayrischen Vilstal zu Füßen von Kloster Schweiklberg nicht fehlen, wo 98 852 im Juni 1954 Dienst tat. Im ersten Wagen werden Post und Gepäck befördert. Die Personenwagen gehören zur Behelfsbauart MCi aus der Kriegszeit. Die Strecke Vilshofen–Aidenbach wurde 1898 eröffnet und verlor 1962 den Personenzugverkehr.
Aufnahme: Turnwald

E 244 31 verläßt den Bahnhof Himmelreich an der Höllentalbahn in Richtung Freiburg. Obwohl das hier bis 1960 verwendete Stromsystem mit 50 Hz in den fünfziger Jahren international als das modernste galt, gehörten die Reichsbahn-Versuchs-Elloks E 244 01, 11, 21 und 31 bereits zum historischen Erbe der DB. Noch weit mehr gilt dies natürlich für die badische Signalbrücke, den Personenzug aus Zweiachsern und die hinten nachschiebende 85. Die Signalbrücke gibt Oberleitung und Stromabnehmern nur knapp Raum.
Aufnahme: Doh

Hier ist es nun eine ganz normale E 44, die mit Einheitszweiachsern in Stuttgart Hbf eine Signalbrücke durchfährt. Das Bild könnte aus dem Reichsbahnkalender stammen, nur das Fehlen jeglichen Eigentumskennzeichens an den Wagen erlaubt die Einordnung in die frühe DB-Zeit.
Aufnahme unten: Doh

Älter als die allermeisten Dampflokomotiven war der ET 183 05, den die Verstaatlichung der Lokalbahn-AG München 1938 in den Bestand der Reichsbahn gebracht hatte. 1899 für die Isartalbahn gebaut, tat er noch im schneereichen Dezember 1962 Dienst, und zwar auf der Strecke Meckenbeuren–Tettnang unweit von Friedrichshafen.

Aufnahme links: Doh

Ein ganz anderer elektrischer Triebwagensenior im winterlichen Baden! ET 85 15, anno 1927 für den Münchner Nahverkehr beschafft, gehörte zu den elektrischen Altbaufahrzeugen, die 1960 nach der Umstellung der Höllental- und Dreiseenbahn auf das reguläre Stromsystem in den Schwarzwald versetzt wurden. Das Foto zeigt die ET+ES+ET-Garnitur auf der Dreiseenbahn Titisee–Seebrugg.

Aufnahme auf der rechten Seite: Doh

Die Fortsetzung unserer winterlichen Triebwagenparade zeigt den Kemptener VT 32 016 im schönsten Licht. In der verwirrenden Nummern- und Bautypenfolge der Vorkriegsdieseltriebwagen war dies ein 410 PS-Wagen mit »Einheitsgrundriß« und elektrischer Kraftübertragung für 110 km/h aus dem Jahre 1936.

Aufnahme: Doh

Das Winterbild in Ludwigsstadt entstand am 26. Januar 1955 und zeigt ein schönes Familientreffen elektrischer Fahrzeuge aus der Reichsbahnzeit. Die Schiebelok E 91 07 war bereits 30 Jahre alt; die erst zwölf Jahre alte E 44 154 ist mit dem Nummernzusatz »W« für die elektrische Bremse gekennzeichnet. Der auf dem Abschnitt Nürnberg Hbf–Lauenstein pendelnde ET 32 202 ist 1950 durch Umbau aus einem ET 31 des Baujahres 1936 hervorgegangen. Mit ihm schließen wir unser Wintermärchen von den alten Triebwagen ab.
Aufnahme: Sammlung Asmus

Alte Bundesbahn, das war zu einem nicht geringen Teil das preußische Eisenbahnerbe, zumal Fahrzeuge der größten Länderbahn noch weit über das Jahr der »Verreichlichung« 1920 hinaus auch für die süddeutschen Bahnen beschafft worden waren.
Eine preußische T 3 fiel selbst im Dampfuniversum der fünfziger Jahre auf. Die 89 7248 ex 6180 Cassel ex 6135 Bromberg war von Jung 1897 gebaut worden und tat nach dem Zweiten Weltkrieg beim Bw Bebra Dienst. Der Fotograf war am 21. Juli 1955 zur Stelle, am 27.Oktober 1958 wurde das Maschinchen abgestellt.
Aufnahme: Schneeberger, Sammlung Schröpfer

Die Akkutriebwagen mit kurzen Vorbauten waren zwar keine ganz echten Preußen mehr, setzten aber die mit den preußischen Wittfeld-Triebwagen eingeleitete Entwicklung fort. Längst ein Veteran war in den fünfziger Jahren der ETA 179 004 aus dem Jahre 1927. Das Bild zeigt den »Doppelwagen Bauart Reichsbahn« vor 1953 im alten Kemptener Hauptbahnhof. Er pendelte zwischen diesem Kopfbahnhof und dem Durchgangsbahnhof Hegge, wo die Schnellzüge hielten. Das Fahrzeug erlebte noch eine Umzeichnung in ETA 179 105 und wurde 1960 ausgemustert.
Aufnahme: Grieger

Die 1906 erstmals gebaute P 8 war im deutschen Eisenbahnwesen lange Zeit so selbstverständlich, daß kaum jemand sich Gedanken über ihr Alter oder über eine Zeit nach ihr machte. Es ging ihr in den fünfziger Jahren ein wenig wie dem noch genau dreißig Jahre älteren Adenauer, über den ein Abgeordneter im Bundestag einmal sagte, der Bundeskanzler sei »längst über das Alter hinaus, in dem mit seinem Ableben noch zu rechnen ist.« 38 3846 vertritt in der unendlichen Reihe von Bauformen der P 8 die Kombination von Frühserie mit Hängeeisensteuerung, zweidomigem alten Kessel und Nachkriegszutat Wannentender, wobei die Windleitbleche fehlen. Eigentlich war die Hängeeisensteuerung eine Besonderheit der 38er mit den niedrigen Zehner- bis Vierzehner-Nummern, doch war die 38 3846 erst 1935 bei der Übernahme der Saarbahnen eingereiht worden. Mindestens genauso bemerkenswert sind die an erster und dritter Stelle im Zug eingereihten preußischen Schnellzugwagen. Der Eilzug fuhr im Mai 1954 von Nürnberg nach Furth im Wald und wurde östlich von Bodenwöhr aufgenommen.

Aufnahme: Turnwald

Am anderen Ende Deutschlands in Plön stand am 21. April 1949 mit abblasenden Sicherheitsventilen die 38 3110, die in ihrer Bauform den Normalfall einer P 8 der Vorkriegszeit repräsentiert. Klassisch preußisch der Abteilwagenzug.

Aufnahme: DB, Sammlung Eggerstedt

Züge, Zugpassagiere und Zaungäste

Die Geschichte des Reisens in der Nachkriegszeit begann trostlos. Die Bilder zeigen Personenzüge im Hamburger Hauptbahnhof im Januar 1946.
Oben wird gerade der Personenzug nach Essen bereitgestellt. Man hatte bei der Reise mit dem Abteilwagen genügend Zeit, um die »Eisenbahnromantik« der Gegenwart zu genießen: Der um 13.05 abfahrende Zug traf planmäßig kurz nach 22 Uhr in Osnabrück ein, fuhr nach sieben Stunden Nachtruhe weiter und erreichte kurz nach 11 Uhr am nächsten Tag sein Ziel!

Unten hoffen Hamsterer, Flüchtlinge, Kriegsheimkehrer und um das Überleben ihrer Familien bemühte Frauen auf einen Platz im Doppelstockwagen der früheren Lübeck-Büchener Eisenbahn. Dachte noch jemand an Ostseeausflüge mit solchen Wagen zehn Jahren zuvor? Ahnte schon jemand etwas von Hochglanzzügen, Bussen und Autos zehn Jahre später?

Aufnahmen: DB, Sammlung Neumann

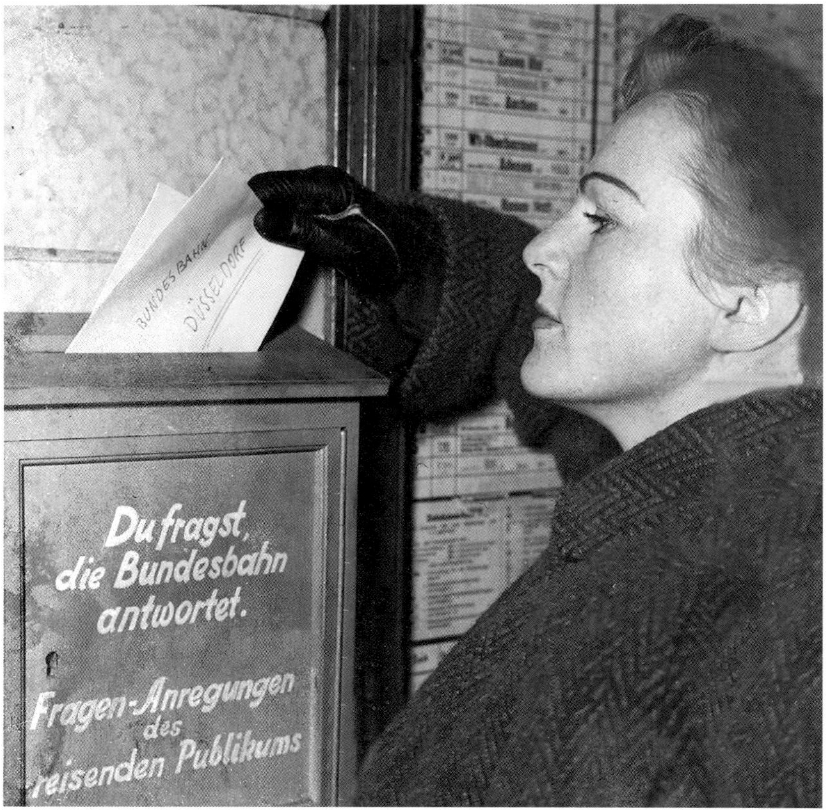

Bereits aus einer ganz anderen Welt stammt das Bild aus dem Düsseldorfer Hauptbahnhof vom Januar 1952. Schon war die Deutsche Bundesbahn auf »Fragen-Anregungen des reisenden Publikums«angewiesen, wenn sie im härter werdenden Verkehrswettbewerb standhalten wollte. Noch sprach die Werbung den Kunden mit »Du« an. So bescheiden begann das Riesengeschäft mit der Marktforschung!

Aufnahme: Sammlung Schricker

Ferien- und Ausflugszüge gehörten zu den beliebtesten Angeboten der jungen Bundesbahn. Der Sonderzug »Lug ins Land« der »Frankfurter Rundschau« war laut Rückseitentext der Erinnerungspostkarte vom 16. bis 19. April 1955 unterwegs. Nur das bißchen Drehstromfahrleitung links oben verrät uns, daß die Reise nach Italien führte. Noch trägt der Schürzenwagen kein DB-Signum und die Klassenbezeichnung »3«.

Aufnahme: Sammlung Knipping

Dienstreise mit der S 3/6! Eine Große Strafkammer des Landgerichts Regensburg nebst Staatsanwalt und Protokollbeamtin hat sich 1955 vor der 18 462 in Abensberg an der Strecke Regensburg–Ingolstadt zum Erinnerungsfoto versammelt. Mäntel, Hosen, Hüte und Aktentaschen künden von zeitloser Eleganz der Justiz, der Lok hingegen fehlen die Füllstücke der Windleitbleche. 1957 wurde die Lok als damals älteste S 3/6 der DB ausgemustert.
Aufnahme: Turnwald

Ein Zug aus Hannover ist im kalten Februar 1953 in Hamburg-Altona angekommen. Das unverglaste Hallendach bot keinen Schutz vor dem Schnee, die Reisenden streben dem Ausgang zu und nehmen keine Notiz von der noch mit großen Blechen ausgestatteten 01 128 aus Hannover (Bw Hannover Hbf 1945-1963).
Aufnahme: DB, Sammlung Neumann

Auf dem traditionellen »Italiengleis« 11 des Münchner Hauptbahnhofes steht E 16 07 mit ihrem Schnellzug abfahrbereit. Das Ehepaar auf dem Bahnsteig im modischen Outfit des Jahres 1959 eilt zum Holzkirchner Flügelbahnhof, um mit einer 78er als Zuglok in die oberbayerische Sommerfrische zu gelangen. Oder sollten wir unversehens in eine Filmszene mit Hans Korte geraten sein?
Aufnahme: Jahn

Kofferschleppende Damen zwischen legendären Schnellzugloks! Im alten Heidelberger Hauptbahnhof standen im September 1952 die 01 1053 (noch mit altem Kessel und der für die Stromlinienverkleidung passenden Rauchkammertür) vom Bw Offenburg und die 18 548 (drei Jahre später zur 18 617 umgebaut) vom Bw Darmstadt zur Abfahrt bereit.
Aufnahme: DB, Sammlung Neumann

Reisevergnügen kleinbürgerlich! Vor der geduldigen 98 863 veranstalteten drei fröhliche Herrschaften eine Leistungsschau der deutschen Mantelschneiderei. Rechts qualmt eine weitere Dampflok vor einem Zug mit historischem Packwagen. Nach der langjährigen Beheimatung der Lok (Bw Schweinfurt) haben wir die nicht näher datierbare Idylle in Unterfranken zu lokalisieren.

Aufnahme: Sammlung Knipping

Das Erinnerungsbild aus dem engen Personenwagen ist rückseitig mit dem Datum 27. Mai 1951 und dem Namen eines Fotogeschäfts in Ludwigsburg/Württ. gestempelt. Wir werden nie mehr erfahren, welcher Anlaß den ernsten Herrn links, seine lustige Nachbarin, die brave Frau im hellen Kleid, den etwas gezwungen lächelnden Krawattenträger, den einem gelegentlichen »Viertele« gewiß nicht abgeneigten fröhlichen Herrn in der Ecke, die verlegene und die verschmitzte Dame neben ihm zu gemeinsamer Reise auf den Holzbänken der dritten Klasse veranlaßt hat.

Aufnahme: Sammlung Knipping

Reisevergnügen großbürgerlich! Im Speisewagen eines Zuges München–Lindau erwarb und betextete (»Der Zug schaukelt sehr!«) am 5. August 1957 ein Reisender diese Karte nach Braunschweig, um sie in Lindau einzuwerfen. Er hatte viel vor: »Koffer (4) und Motorrad aufgegeben nach Barcelona über Zürich, Genf, Lyon, Port Cerbère, Port Bou. ... Am Donnerstag beginnt dann meine Reise nach Tanger.« Das Bildmotiv zeigt eine herrlich gestellte Likörrunde zu einer Zeit, als der Pelzschmuck für die Dame noch nicht auf tierschützerische Kritik stieß.

Aufnahme: Sammlung Knipping

Nicht durchsetzen konnte sich der 1950 in zwei Exemplaren beschaffte Doppelstockspeisewagen der DB, wie denn überhaupt der Doppelstockwagen im Westen zunächst ein kaum bekanntes Versuchsobjekt der frühen fünfziger Jahre blieb. Er gehörte vier Jahrzehnte später zu den ganz wenigen »Errungenschaften«, die sich nach der deutschen Vereinigung von Ost nach West ausbreiteten.

Aufnahme: Först, Sammlung Knipping

Das waren Zeiten: Reger Betrieb am Bahnsteig und große Windleitbleche! Eine 41 mit einem Zug voller Urlauber ist in Norddeich Mole eingetroffen. Noch berichtete man den Daheimgebliebenen mit solchen Ansichtskarten von der glücklichen Ankunft, denn erst wenige besaßen ein Telefon, und ein handvermitteltes Ferngespräch war ein Projekt für sich. Poststempel: 3.6.55 auf Heuß 10 Pfennig und 2 Pfennig Notopfer Berlin.

Aufnahme: Sammlung Schricker

Wir bleiben im hohen Norden: Eine 03 steht am 11. August 1951 abfahrbereit in Hamburg-Altona, während dienstbare Geister sich um die aufgegebenen Koffer bemühen. Die Oberleitung gehört zur alten Wechselstrom-S-Bahn.

Aufnahme: Sammlung Neumann

Volles Leben auch in Bochum-Präsident, wo kurz nach 8 Uhr ein Personenzug von Bochum-Langendreer eingetroffen ist, der zur Weiterfahrt nach Wanne-Eickel oder Recklinghausen bereits Ausfahrt hat. In Gegenrichtung donnert an der reisenden Kinderschar ein Güterzug vorbei. Vor ihm wie vor den Umbaudreiachsern tut eine 50er Dienst.

Aufnahme: Sammlung Knipping

Februar 1954 in Hamburg: Die Binnenalster ist zugefroren, die 78er mit ihren Abteilwagen auf der Lombardsbrücke stößt weiße Dampfwolken in den klaren Winterhimmel, kein Spaziergänger dreht sich nach ihr um.

Aufnahme: DB, Sammlung Neumann

Mit Spezialkupplung hat man am 14. August 1955 den VT 95 9170 zum Schlußläufer des nachmittäglichen P 1708 Nürnberg Hbf–Crailsheim gemacht. In Wicklesgreuth wird der Triebwagen abgehängt werden und den Bahnhof als Zug 2719 in entgegengesetzter Richtung nach Windsbach verlassen. Auf dieser Strecke teilte sich der VT 95 den Dienst mit der Baureihe 70.0. Mehr für die Nachrichten der großen weiten Welt interessiert sich der zeitunglesende Zeitgenosse, der auf offener Plattform seine weiten Hosenbeine durchlüften lassen kann.

Aufnahme: Hesselink, Sammlung Knipping

Die Treppenstufen von Norddeich Mole kennen wir schon! Inzwischen ist neben der 03 und der 23 die 01.10 Stammlok auf der Emslandstrecke. Man schreibt den 10. August 1968, 01 1097 ist mit E 731 aus Düsseldorf angekommen. Die 01.10 hat mit tiefergelegten Sandkästen und Gummiwulstdichtung zwischen Lok und Tender ihre endgültige Bauform gefunden.
An Haartracht und Kleidung der beiden Mädchen sind die aktuellen Extravaganzen der Beatle- und APO-Zeit vorübergegangen. Noch gar nicht lange indes können Frauen unbeanstandet Hosen tragen! Sei's drum, wir wünschen nachträglich schöne Nordseeferien, auch wenn elf Tage später ein Urlaubsmorgen mit großer Aufregung beginnen wird, wenn nämlich alle Welt um die Radiogeräte versammelt sein wird, aus denen es heißen wird »... haben motorisierte Verbände und Luftlandetruppen der Sowjetunion, Polens, Ungarns, Bulgariens und der Sowjetzone in den späten Abendstunden mit der militärischen Besetzung der Tschechoslowakei begonnen...«

Aufnahme: Rotthowe

Derselbe Tag, derselbe Bahnsteig!
23 095 drückt ihren Zug aus der Halle von Norddeich Mole in den Bahnhof Norddeich zurück. Der künstlerisch ambitionierte Fotograf ahnt noch nichts von den Aufgeregtheiten kommender Sonderfahrt- und Plandampfgenerationen, die auf ihren Bildern nichts mehr fürchten als Menschen...

Aufnahme: Rotthowe

Altena gehörte zu den Städten, in denen die Bürger mit den Pfiffen und Auspuffschlägen der Dampflokomotiven einschliefen und wach wurden und in denen nicht nur die hier verewigte junge Dame zusammengerechnet Wochen ihres Lebens vor der Schranke verbrachte und in denen vor der großen Waschmaschinen- und Waschmitteloffensive der Kampf gegen den Ruß nicht zu gewinnen war. Erst als all diese Belästigungen vorbei waren, merkte man: Irgendwie wars doch schön gewesen, auch wenn sich die Passantin anno 1959 nur beiläufig dafür interessiert hatte, daß da eben die 44 665 des Bw Altenhundem vorbeidampfte. Dieses Bw besaß im genannten Jahr 38 betriebsfähige Maschinen der Baureihe 44!

Aufnahme: Rotthowe

Zufällig oder (wie so viele scheinbar spontane Meisterwerke der Fotografie bis hin zu Doisneaus Kußszene in Paris!) gestellt? Jedenfalls eine wunderbare Begegnung von junger Dame und alter »Dame« 38 4003 bei Sudmühle auf der Strecke Osnabrück–Münster anno 1957.

Aufnahme: Rotthowe

Kindern konnte die Wartezeit am Bahnübergang nie zu lang werden! Zwei Aufnahmen aus Württemberg.
Nahe der Haltestelle Wattenweiler auf der Strecke Ulm–Friedrichshafen an der europäischen Wasserscheide zwischen Donau und Bodensee weckte 03 282 das Interesse der Jugend. Aufnahme 1965.

Aufnahme: Ege

Das Mädchen am Bahnübergang bei Aulendorf zeigt an der 50 1377 mit ihrem Güterzug wenig Interesse. Wir hingegen würdigen die damals so alltägliche 50er in »normalster« DB-Ausführung und bemerken auch den O-Wagen mit der Grubenholzladung, wie wir ihn längst nur noch aus dem Modellbahnkatalog kennen. (»311 H« heißt die klassische und heute sehr teure Märklin-Variante aus den frühen fünfziger Jahren.)

Aufnahme: Bucher

Bundesbahn in Farbe
Teil I

Wer möchte da nicht noch einmal Zaungast oder Zugpassagier der alten DB sein! 39 204 und eine neubekesselte 01 leisten 1962 in Stuttgart-Bad Cannstatt mit einem Schnellzug nach Nürnberg ganze Arbeit.

Aufnahme: Illig, Sammlung Wollny

Als die Loks noch schwarz und die Telefonzellen noch gelb waren: 03 251 wartet in Mönchengladbach auf Ausfahrt. Die Lok gehörte von 1965 bis 1966 zum Bw Köln-Deutzerfeld, von 1966 bis 1969 zum Bw Mönchengladbach und anschließend zum letzten Aufgebot der 03 bei der Deutschen Bundesbahn beim Bw Ulm.

Aufnahme: Krantz

Linksrheinischer Dampfbetrieb ganz anders:
94 1001 bewegt sich im August 1965 unter dem Stellwerk »HOF« in Hohenbudberg Ost in den geometrischen Mustern von Gleisen, Schatten und Oberleitungen.
Aufnahme: Dr.Dr.Abriel

Zu Zeiten einer heute undenkbaren Typenvielfalt gab es Standorte, an denen sich ein Fotograf mit ein wenig Geduld ganze Baureihensammlungen zusammenstellen konnte. Zu diesen gesegneten Orten gehörte in München der »Schwarze Weg«, auf dem die Eisenbahner damals wie heute von der Donnersberger Brücke zum Bw München Hbf gelangen konnten. Der Weg verläuft neben der zweigleisigen Verbindung zwischen Bw und Bahnhof. Der Fotograf wartete bei mehreren nachmittäglichen Sitzungen (vormittags war Schule!) in den Jahren 1964 und 1965 folgende Elloks ab:

E 04 22, (1935–1981, Bw München Hbf 1950–1968)

E 17 112 (1930–1978, Bw Stuttgart Hbf 1933–61, 1962–63 und 1963–64, Bw Augsburg 1961–62, 1963 und 1964–78)

E 18 045 (1939–1984, Bw München Hbf 1943–1966)

E 19 12 (1940–1977, Bw Nürnberg Hbf 1944–1968)

E 32 16 (1965–1971, Bw München Hbf 1962–1969)

E 75 05 (1928–1971, Bw Ingolstadt 1962–65, Bw Treuchtlingen 1965–68)

Mehrmals täglich kamen mitte der sechziger Jahre hier auch vorbei die 38.10, 78, E 10, E 16, E 41, E 44 und V 200.1.

Aufnahmen: Dr. Dr. Abriel

Moderne DB im Ausland: Der neue VT 11 als TEE 190 »Parsifal« zwischen einer Ellok und einer P 8 (Reihe 64) der SNCB am 30. April 1958 in Schaerbeek. Die Reise des Fotografen galt der Weltausstellung in Brüssel!

Aufnahme: Schröpfer

E 10 326 im Jahre 1966 in Innsbruck Hbf. Lokdurchläufe über den Grenzbahnhof hinaus galten noch in den sechziger Jahren als besonders mutige Form internationaler Zusammenarbeit!

Aufnahme: Dr. Dr.Abriel

Ältere DB in München: Ruhezeit in der Februarsonne des Jahres 1965 auf der Köf 6510 im Bw München Hbf. Hinter dem schönen blauen F-Zug-Wagen herrscht Dampfbetrieb im und am »Haus 5«.
Aufnahme: Dr. Dr. Abriel

Auf Gleis 21 des Münchner Hauptbahnhofes hat die messingbeschilderte E 94 092 des Bw Rosenheim einen Schnellzug bereitgestellt. Im Jahr der Internationalen Verkehrsausstellung 1965 mußte so manche Lok im Zustelldienst aushelfen, vorherrschend waren damals E 32 und E 75, später wurden hier E 16 und E 44 verschlissen.
Aufnahme: Dr. Dr. Abriel

Große Bahnhöfe

Mit der Betrachtung der E 94 in München haben wir eine der großen Bahnhofshallen der DB betreten, und dort wollen wir uns auch noch ein wenig weiter umsehen! Im Frankfurter Hauptbahnhof war rund um die Uhr alles zu Gast, was bei der Bundesbahn Rang und Namen hatte, so auch die legendäre Baureihe 10, hier die 10 002, die letzte für deutsche Bahnen neu gebaute Schnellzugdampflok. Die 10er war wegen ihrer häufigen Schäden ein Sorgenkind des Betriebes – und der Fotografen, weil vor ihren Planzügen jederzeit eine ach so alltägliche 01.10 auftauchen konnte.

Aufnahme: Schröpfer

Die 39 243 vom Bw Dillenburg hat im September 1957 einen Zug nach Frankfurt gebracht. Ein wunderbares Bild aus dem Dämmerlicht der riesigen Halle.
Aufnahme: Rotthowe

Die 03 konnte man im Hamburger Hauptbahnhof von 1931 bis 1969 fotografieren! 03 240 als eine der letzten DB-03 mit großen Windleitblechen wurde am 28. September 1957 aufgenommen. Sie gehörte von 1953 bis 1964 zum Bw Hamburg-Altona. Rechts ein Reichsbahnwagen des Interzonenzuges nach Berlin.

Aufnahme: Hesselink, Sammlung Knipping

Die 03 259 und 01 106 standen am 1. September 1953 zur Ausfahrt bereit. Die bereits mit kleinen Windleitblechen ausgestattete 03 gehörte seit 1946 und gerade eben noch zum Bw Bremen Hbf, bevor sie am 14.September 1953 zum Bw Hamburg-Altona überwechseln sollte, wo sie wie die 03 240 bis 1964 heimisch bleiben sollte. Die noch »großohrige« 01 106 war so lange beim Bw Hannover Hbf wie Konrad Adenauer im Kanzleramt: Von 1949 bis 1963. Beide Loks tragen helle Kesselringe! Rechts stehen VT 08 und Abteilwagen zum Epochenvergleich bereit, oben fährt noch die Straßenbahn.

Aufnahme: DB, Sammlung Neumann

Am 27. März 1965 gelangen diese faszinierenden Nachtaufnahmen im Kölner Hauptbahnhof. Hinter dem ordnungsgemäß beleuchteten Wasserkran mit Gelenkausleger, geschaffen für Schnellzugloks, die am Bahnsteig Wasser nehmen müssen, steht die E 10 246. Bei ihrem ersten Lüftungsfenster hat man das Originalgitter mit waagerechten Schlitzen gegen die neuere Ausführung mit senkrechten Lamellen ausgetauscht.
Unten sehen wir Wagen des »Rheingold« und des »Rheinpfeil«, und zwar die einst besonders bestaunten Typen »Buckel«speisewagen und Aussichtswagen. Nach dem Austausch von Kurswagen geht die Reise von Basel bzw. München nach Hoek van Holland bzw. Dortmund weiter.

Aufnahmen: Blaschke

Die 03 1009 verbreitet dunkle Wolken über dem Kölner Hauptbahnhof! Zum Aufnahmezeitpunkt 14. Juli 1956 gehörte sie zum Bw Ludwigshafen. Die noch nicht mit neuem Kessel ausgerüstete 0310 gehörte in den fünfziger Jahren zu den am intensivsten eingesetzten Dampflokbaureihen der Deutschen Bundesbahn. Sie war vor so manchem F-Zug zu sehen.

Aufnahme: Rotthowe

In Frankfurt verabschieden wir uns von den großen Bahnhofskathedralen, indem wir Bekanntschaft mit der seltenen 66er schließen. Die 1'C2'-Tenderlok der DB war wohl die gelungenste unter den westdeutschen Neubaudampflokomotiven der Nachkriegszeit. Doch sie kam zu spät: Als sie 1955 abgeliefert wurde, war die alsbaldige Umstellung von Nebenbahn- und leichteren Hauptbahndiensten auf Dieselbetrieb schon beschlossen. Es blieb bei nur zwei Maschinen, denen gerade einmal elf bzw. zwölf Betriebsjahre vergönnt waren. Als im September 1957 die Aufnahme der 66 002 vor dem Eilzug aus Gießen entstand, sah die Lok noch wie neu aus. Rechts steht übrigens 01 1098 aus Kassel.
Aufnahme: Rotthowe

Deutsche Bundesbahn an Grenzen und Küsten

Stets war es reizvoll, Lokomotiven und Triebwagen der Nachbarverwaltungen im Heimatland zu begrüßen oder die Exkursionen einheimischer Fahrzeuge über die Grenzen zu beobachten! 1953 wäre es für westdeutsche Eisenbahnfreunde völlig undenkbar gewesen, in der Tschechoslowakei Dampflokomotiven zu fotografieren. Auf dem kurzen bayerischen Abschnitt der Grenzstrecke Eger–Schirnding war es gefahrlos möglich, tschechische Loks aufzunehmen, – und noch dazu vor illustren Zügen! Bei den drei Wagen hinter der 555, weiland Reihe 52 der Deutschen Reichsbahn, handelte es sich um den Schnellzug Prag–Paris. Und ausgerechnet so ein Zug muß dann noch geduldig auf die Einfahrt warten!

Aufnahme links: Turnwald

Hier haben wir es mit der Besonderheit einer im Ausland stationierten DB-Lok zu tun: 38 2813 gehörte zum (deutschen) Bw Basel und war am 23. März 1951 im Bahnhof Basel SBB vor einem preußischen Schnellzugwagen zu sehen.

Aufnahme rechts: Schneeberger, Sammlung Schröpfer

Lokwechsel im hohen Norden am 7. Januar 1952: Lok 974 der DSB, eine 1916 in Schweden gebaute Pacifik der Klasse E, übergibt in Flensburg den F 192 »Skandinavien-Holland-Expreß« an die deutsche Pacifik 03 200, die von 1944 bis zur recht frühen Z-Stellung 1963 zum Bw Hamburg-Altona gehörte.
Aufnahme: DB, Sammlung Eggerstedt

Am anderen Ende der Bundesrepublik, in Passau, bringt 78 602 der ÖBB, eine 2'C2' aus dem Jahre 1931, im Mai 1953 den F 52 »Oostende-Wien-Expreß« über die österreichische Grenze nach Wels, von wo es (seit einem Jahr) elektrisch weitergeht. Rechts stehen ausgemusterte 94.2 (T 16).
Aufnahme: Turnwald

Bevor 1963 die »Vogelfluglinie« über Fehmarn nach Dänemark eröffnet wurde, mußten die Fährschiffe von Großenbrode aus um die Insel Fehmarn herum nach Gedser, dem alten Zielort der Schiffe aus Warnemünde, fahren. Das Foto zeigt das »Umsteigen« eines britischen Ford (Modell 1955) mit dänischer Nummer vom Zug in das 1957 in Dienst gestellte Eisenbahn- und Autofährschiff »Theodor Heuss«. Mit den aus zwei hölzernen Mannschaftspersonenwagen zusammengesetzten Vierachsern begann in den fünfziger Jahren der Dienst »Auto im Reisezug«.

Aufnahme: Sammlung Knipping

Etwa tausend Kilometer von der Ostsee entfernt tat das Motorfährschiff »Schussen« der Deutschen Bundesbahn aus dem Jahre 1929 auf der Linie Friedrichshafen–Romanshorn Dienst. Es bot Platz für zehn zweiachsige Güterwagen oder 40 Personenautos. Der regelmäßige Autofährverkehr wurde 1952 aufgenommen. Das Foto zeigt zwar die Gleise im Fahrzeugdeck, als Beladung aber nur Autos. Im Vordergrund stehen Studebaker-Coupés der zwischen 1953 und 1955 aktuellen Bauform, die sich auf der Reise zu ihren Schweizer Käufern befinden und auch schon Schweizer Nummern tragen. Der Transportweg der US-Exportwagen ist bemerkenswert: Per Schiff zu einem deutschen Nordseehafen, per Bundesbahn an den Bodensee und wiederum per Schiff in die Schweiz!

Aufnahme: Dch

Eisenbahn an der Küste so unterschiedlich wie nur möglich: Am Columbuskai in Bremerhaven finden Umladearbeiten zwischen gedeckten Güterwagen und dem Schnelldampfer »Amerika« statt. Die vordersten Wagen gehören zu dem für das britische Lichtraumprofil geeigneten »fährbootfähigen« Bestand. Der PKW links steht in Diensten der amerikanischen Besatzungsmacht und erinnert daran, daß Bremerhaven eine US-Insel in der britischen Zone war, der Volkswagen daneben hat noch geteilte Heckscheibe und weiße Nummer auf schwarzem Schild.

Aufnahme: Doh

Am 13. Februar 1953 wurde zwischen Großenbrode und dem Inselbahnhof Fehmarnsund eine 86er und ein Klimaschneepflug der Einheitsausführung mit 50er-Tender überführt. Das 1927 gebaute Schiff hatte die Deutsche Reichsbahn 1941 bei der Verstaatlichung der Kreis Oldenburger Eisenbahn übernommen. Die DB baute es 1951 um. Ungewohnt bei einem Schiff die Information zur Beheimatung: »3.1.1952–30.4.1963 Bw Heiligenhafen«. Nach der Eröffnung der Fehmarnsundbrücke 1963 wurde das Schiff nach Süditalien verkauft und auf reine Autoverladung umgebaut. Es ist noch heute in Betrieb. 86er waren beim Bw Heiligenhafen von 1944 bis 1959 stationiert.

Aufnahme: DB, Sammlung Eggerstedt

An mehr als dreißig Stellen endete das Streckennetz der DB an Prellböcken, Gleislücken oder Schwellenstapeln vor der immer undurchdringlicher befestigten Grenze der DDR.
Das obere Bild zeigt die Unterbrechung der Strecke Uelzen–Salzwedel–(Stendal) kurz hinter Nienbergen, das untere die Sperre nördlich von Görsdorf auf der Strecke Coburg–Eisenach. Auf diesen beiden wie auch auf den meisten anderen unterbrochenen Strecken legte die DB später den grenznahen Abschnitt still, so daß so dramatische Ansichten der geteilten Bahn im geteilten Land selten wurden.
Aufnahmen: Bundesarchiv

Bahnbetriebswerke

Nicht ohne weiteres wurde betriebsfremden Interessenten in den fünfziger und frühen sechziger Jahren der Zutritt zu den Heimstätten der Lokomotiven gewährt. Wer durch dienstliches Privileg oder durch gute Beziehungen die Gelegenheit zum Fotografieren bekam, erlebte anfangs noch fast überall Dampfbetrieb in Reinkultur. Im Bw Kassel fanden während des Fototermins gerade Gleisbauarbeiten bei der Bekohlungsanlage statt, hinten sind von recht nach links eine 41er, die Frankfurter 01 147 und zwei 50er erkennbar.

Aufnahme: Först, Sammlung Knipping

Ein Gemälde aus Dampf und Sonne zauberte der Fotograf am 16. Februar 1948 im Bw Hamburg-Altona, das für seine beiden Drehscheiben mit sich schneidenden Drehkreisen berühmt war.
Aufnahme: DB, Sammlung Neumann

Immer wieder reizvoll: Die große Baureihenparade auf den Gleisen vom Schuppen zur Scheibe. Am 8. April 1966 paradierten im Bw Limburg folgende Schlepptenderloks:
23 031 (1954–1973, Bw Kaiserslautern 1966–1969) eine 50er,
41 294 (1939–1967, Bw Limburg 1964–1967, die z-Stellung der ausgezeichnet gepflegten Lok erfolgte sechs Tage nach der Aufnahme, die Ausmusterung im Juli 1967!) 41 109 (1939–1967, Bw Limburg 1964–1967, die Lok stand seit 22. März 1967 auf »z«) 50 2790 (1942–1974, Bw Limburg 1964–1973)
Aufnahme: Blaschke

Am 7. Oktober 1962 hielten im Bw Nürnberg Hbf folgende Tenderloks der bayerischen, der preußischen und der Einheitsbauart ihre Rauchkammern in die Herbstsonne:
98 1115 (ehemals 98 898, gebaut 1924, mit Laufachse ausgestattet 1936, ausgemustert 1964, Bw Nürnberg Hbf 1961–1964
64 286 (1934–1969, Bw Nürnberg Hbf 1934–1967!)
78 357 (1922–1967, Bw Nürnberg Hbf 1956–1965)
Aufnahme: Kuom

Kohle war bis in die sechziger Jahre ein überragend wichtiges Wirtschaftsgut. Der Transport der Kohle von Ruhr und Saar ins ganze Land war eine der wichtigsten Aufgaben der Bundesbahn. Im Durchschnitt verließen im Herbst 1954 pro Arbeitstag 439 Kohlenzüge das Ruhrgebiet. Ein großer Teil der Kohle wiederum wurde für die Zugförderung verbraucht. Im Jahre 1959 nahm die DB mit 7 Millionen Tonnen etwa ein Zehntel der deutschen Kohleproduktion ab. Nicht der Preis, sondern der im Inland nicht zu deckende Bedarf war bis Mitte der fünfziger Jahre dafür maßgebend, daß auch Kohle aus den USA eingeführt wurde.

Wir besuchen zwei Bekohlungsanlagen in Hamburg. Oben wird 94 1213 am 13. April 1968 in Rothenburgsort versorgt, unten wird an einem Oktobertag 1955 in Altona der Hunger der 01 128 gestillt, 74 580 hat noch genug »Blumenerde« im Kasten.

Aufnahmen: Seitz bzw. DB, Sammlung Eggerstedt

Auch bescheidener Durst will gelöscht sein!
99 633 ließ sich am 28. Mai 1968 in Bad Buchau vollaufen. Die zeitweise auch auf der Strecke Ochsenhausen–Warthausen eingesetzte Esslinger 750mm-Maschine aus dem Jahre 1899 war seit 27. April 1968 auf der Strecke Schussenried–Bad Buchau eingesetzt und wurde am 31. Oktober 1968 z-gestellt.
Aufnahme: Schlipf

Die 80 005, eine der kleinsten normalspurigen Dampflokomotiven der DB, wurde im Sommer 1958 im Bw Ansbach beim Füllen ihrer Wasserkästen aufgenommen. Ohne die Vorliebe der Modellbahnindustrie für die Baureihen 80, 81 und 89.0 wären die Einheitsrangierlokomotiven der Reichsbahn kaum einem zeitgenössischen Eisenbahnfreund bekanntgeworden.
Aufnahme: Sammlung Knipping

Zwei wunderbare Ellokporträts aus dem Bw Nürnberg Hbf! Nur auf Schwarz-Weiß-Fotografien kann das Auge so gut ausruhen. E 18 048 war mit dem Abnahmetag 23. August 1939 (das Datum ist mit dem Hitler-Stalin-Pakt in die Geschichte eingegangen) eine der allerletzten »Friedenslokomotiven« der Deutschen Reichsbahn und diente der DB bis 1984.

E 52 34 stammte von 1925 und verabschiedete sich 1972. Die Fotos könnte man bis hin zur fehlenden Fensterscheibe im Werkstättengebäude dem selben Aufnahmetag zuordnen, und doch liegen zwei Jahre dazwischen: Die E 18 wurde im August 1964, die E 52 im Juli 1962 aufgenommen.

Aufnahme: Kuom

Noch unterschiedlicher als die Lokomotiven waren deren Behausungen, die Lokschuppen: Ein zweigleisiger Rechteckschuppen mußte den badischen und preußischen Lokomotiven im Bw Waldshut, einem der südlichsten Bahnbetriebswerke Deutschlands, genügen. Am 31. August 1965 stand hier die 57 3468. Zum 1. März 1967 wurde das Bw Waldshut Außenstelle des Bw Haltingen.
Aufnahme: Seitz

Ein sehr viel repräsentativerer Rechteckschuppen und ebenfalls preußische Fünfkuppler am anderen Ende Badens: 94 586 und eine Schwesterlok am 9. Juni 1968 im Bw Mannheim Rbf. Die meisten Eisenbahnfreunde hatten zu Zeiten einer gewissen Dampfbesessenheit Ende der sechziger/Anfang der siebziger Jahre keinen Blick für architektonische Besonderheiten: Nur wenige Lokschuppen Deutschlands sind so wie dieser vom Jugendstil beeinflußt!
Aufnahme: Schlipf

Die 50 4030 gehörte zu der Gruppe von Franco-Crosti-50ern, die von Mai 1962 bis Juni/Juli 1964 dem Bw Bingerbrück zugewiesen waren, das seinen Loks offensichtlich kein Dach über dem Kessel bieten konnte!

Aufnahme am 19. April 1964: Blaschke

Eines der unverkennbarsten Bauwerke des klassischen Industriezeitalters war der um eine Drehscheibe gebaute Ringschuppen. Wir erkennen seinen Grundriß auf Stadtplänen auch noch, wenn hier längst nur noch Busse unterhalten oder Möbel verkauft werden und er bleibt unverkennbar, auch wenn wie im Rosenheimer Kulturausstellungs-Lokschuppen die letzte Lokomotive vor mehr als 125 Jahren aus dem Haus gefahren ist. Unser Bild zeigt die Stände 12 bis 22 des Schuppens von Hamburg-Wilhelmsburg. Sie sind zumeist von Loks der Reihen 82, 93 und 94 besetzt. 82 015 (hier beheimatet von 1951 bis 1967) wird gedreht.

Aufnahme: DB, Sammlung Eggerstedt

Wir sehen uns im Inneren von Lokomotivschuppen um: Am 30. Dezember 1957 stand die 98 1701 im heimatlichen Haus des Bw Kempten. Es handelt sich um eine 1938 mit der Lokalbahn-AG München verstaatlichte GtL 4/5. Warum sie nicht nummernmäßig an die Reihe 98.10 angehängt wurde, sondern mit nur einer Schwesterlok die Ehre einer eigenen Unterbaureihe erhielt, bleibt ein Geheimnis der Reichsbahn.

Aufnahme: Hesselink, Sammlung Knipping

Die 01 167 vom Bw Bremen Hbf stand 1965 im sehr luftigen Schuppen des Bw Hamburg-Altona. Der Einfallwinkel der Sonne läßt bei ihr wie auch bei der nächsten Lok erkennen, wie sehr der Zahn der Zeit den Windleitblechen zugesetzt hat.

Aufnahme: Hamm

Tag der offenen Rauchkammertür im Bw Hamburg-Altona im April 1948! Das Durchblasen der Rohre der Lokomotivkessel gehört zu den selten als romantisch erlebten schweißtreibenden und schmutzigen Alltagsarbeiten des Dampfbetriebes. Der Pflegezustand der Loks läßt übrigens genauso zu wünschen übrig wie die Arbeitssicherheit auf wackeligem Bock und schwankendem Brett. Was würden wohl die Berufsgenossenschaften dazu sagen, deren »Logo« – wohl eher zufällig – eine Drehscheibe und einen Ringschuppen zu symbolisieren scheint?

Aufnahme: DB, Sammlung Neumann

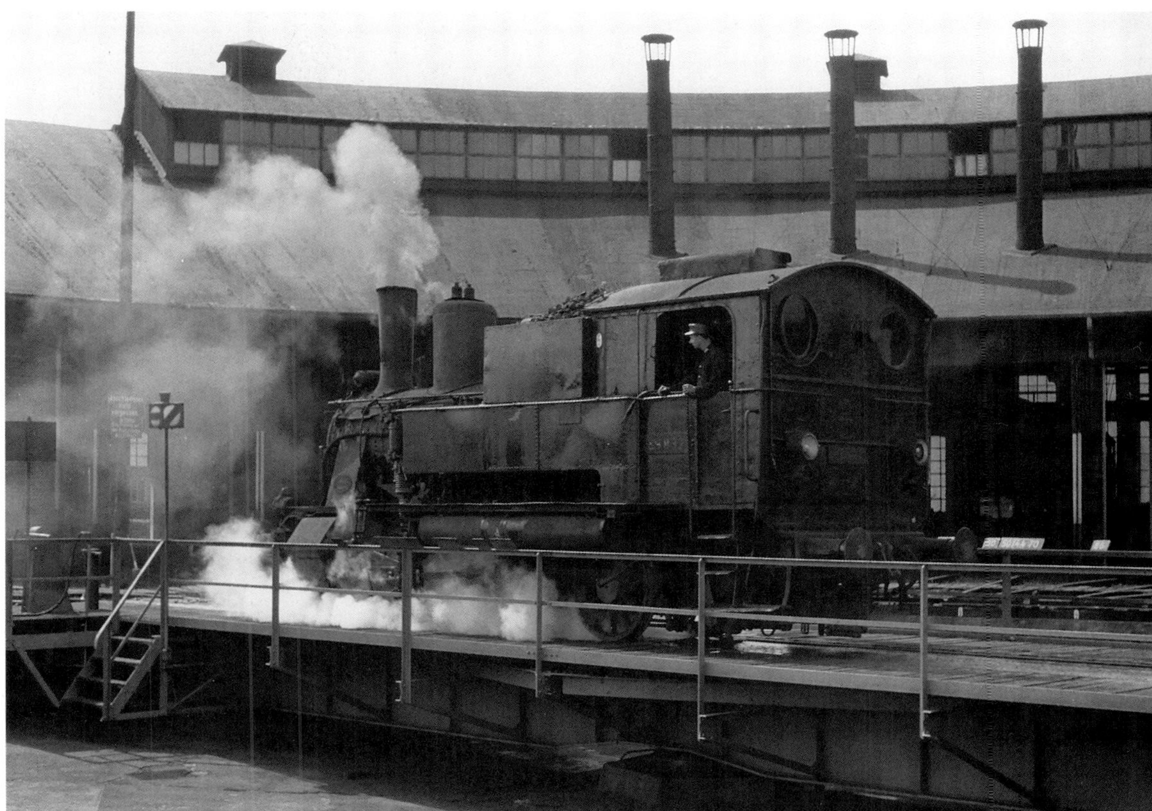

Eine der letzten bayerischen Länderbahnlokomotiven war die 89 832. Am 27. Juli 1962 benutzte sie im Heimat-Bw Ansbach die Drehscheibe.

Aufnahme: Blaschke

Hessische Drehscheiben unter Fahrdraht in der Zeit des Übergangs vom Dampfbetrieb zur Elektrotraktion:
Die Lokomotiven, die am 7. Mai 1967 die Schuppengleise des Bw Gießen bevölkerten, bedurften keiner Oberleitung: Von links nach rechts sind 50 1523, 23 020, 23 021, 01 108 und 55 3830 zu erkennen.
Aufnahme links: Seitz

Aufgrund der guten Sichtbarkeit von den Bahnsteigen aus gehörte das Bw Bebra zu den bekanntesten der ganzen DB. Am 9. März 1963 erreichte der Fahrdraht von Fulda aus diesen Knotenpunkt zwischen Würzburg und Hannover, Kassel und Erfurt. Fortan wendeten hier neben Dampfloks der DB (und der DR!) auch E 40, E 41 und E 50. Die E 40 175 aus dem Jahre 1960 trug noch den Pufferteller-warnanstrich (ein gutes Übungswort für Ausländer, die deutsch lernen wollen!), der eigentlich eine Erfindung aus der Zeit der Luftschutzverdunkelung (wieder so ein Wort!) des Zweiten Weltkrieges war.
Aufnahme unten: Först, Sammlung Knipping

Mittels Handkurbel auf der Scheibe des Bw Heiligenhafen gedreht wurden am 12. Januar 1956 ein Beiboot des Fährschiffs »Fehmarnsund« sowie die 91 1404. Links wartet eine V 36, im Schuppen die 86 519.

Aufnahmen: DB, Sammlung Eggerstedt

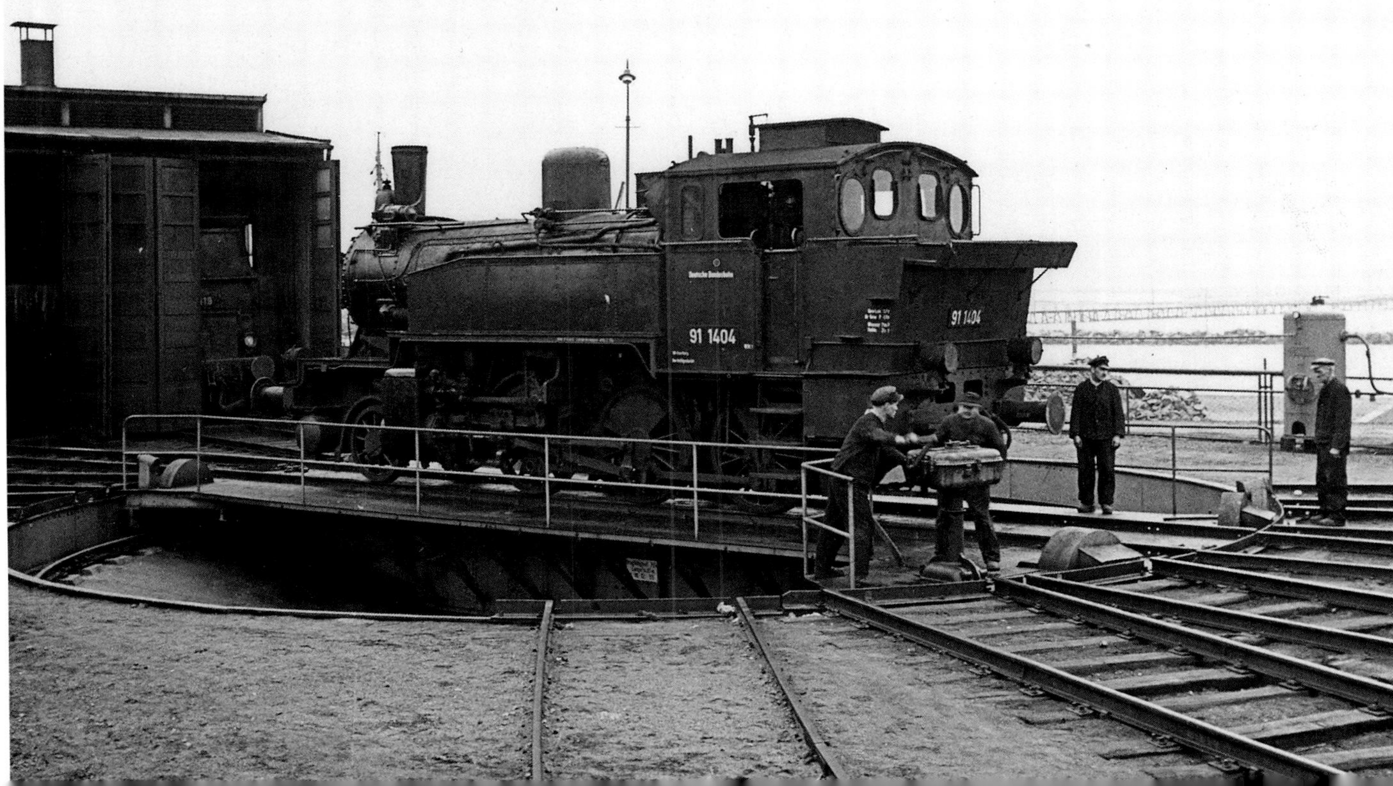

DB in der Fläche

Die Fotos aus Heiligenhafen haben uns bereits darauf eingestimmt, nun die Bundesbahn draußen auf dem Land zu besuchen. Ohne nun in ein paar Bildzeilen die ganze Problematik der Strecken- und Bahnhofsstillegungen bearbeiten zu können: Beim Überblick über die Vielfalt einstiger Bundesbahnherrlichkeit im Kleinen kommt Wehmut auf: Mit jeder abgebauten Nebenbahn und jedem aufgegebenen Haltepunkt ist ein Stück unverwechselbare Heimat verschwunden, das durch keine noch so elegant trassierte Straße je ersetzbar sein wird.

Die 99 7203 »Tender voraus« am 1. September 1964 auf der Strecke Mosbach–Mudau mit einem Arbeitszug. Die neue Sicherungsanlage am Bahnübergang ist noch im Bau. Die Öffnung in der Führerhaushinterwand für die Schürgeräte dient als Panoramafenster. Knapp einen Monat später folgte die Umstellung auf Dieselbetrieb, neun Jahre später die Stillegung.
Aufnahme: Doh

V 36 203 »Tender voraus« mit einem aus Triebwagenanhängern gebildeten Personenzug nach Minden in Leese-Stolzenau im März 1958. Hier hat die modellbahngerechte Idylle inzwischen der »großen« Bahn Platz gemacht: Heute fahren elektrische Züge im Zwei-Stunden-Takt. Und dennoch läßt sich auch bei dieser Strecke der »Rückzug aus der Fläche« veranschaulichen: Leese-Stolzenau ist als einziger von nicht weniger als zwölf Personenverkehrs-Haltestationen zwischen Nienburg und Minden übriggeblieben, nach Stadthagen fährt längst kein Zug mehr!
Aufnahme: Rotthowe

Bayerische Lokalbahnidylle im Sommer und im Winter: 97 101 ist von Wegscheid, dem östlichsten Bahnhof der DB, nach Passau unterwegs. Sie hat in Obernzell den unteren der beiden Zahnstangenabschnitte hinter sich gelassen. Bergauf vollzog sich der Betriebsablauf wie folgt: Schieben bis Voglau, dort Kopf machen, ziehen bis Erlau, schieben bis Untergriesbach (ab Obernzell Zahnstange!), ziehen bis Wildenranna, schieben bis Wegscheid (Zahnstange ab Mitterwasser!). Daß eine solche Fahrerei, die auf 33 Kilometer zwei Stunden dauerte, keine große Zukunft hatte, muß selbst der größte Lokalbahnfreund einsehen. Heute existiert nur noch eine Güterbahn bis Oberndorf.

Aufnahme: Turnwald

Die 98 1026 wartet am 3. Januar 1958 in Scheidegg im Allgäu auf die Rückfahrt nach Röthenbach. Von diesem kleinen Knotenpunkt wurden 1893 und 1901 die Lokalbahnen nach Weiler und Scheidegg eröffnet. Ab 1960 fuhren nach Weiler, ab 1966 nach Scheidegg nur noch Güterzüge, 1976 wurde die letztgenannte Strecke auf den Abschnitt nach Lindenberg verkürzt.

Aufnahme: Hesselink, Sammlung Knipping

Als die 82 005 am 7. April 1968 in Grenzau im Westerwald rangierte, fuhren von dort noch Personen- und Güterzüge nach Engers, Siershahn und Hillscheid. Heute besteht nur noch Güterverkehr von Siershahn über Grenzau nach Höhr-Grenzhausen.
Aufnahme: Knapp

In Lohne entstand am 4. November 1952 das Bild der 74 520 mit provisorischem Schlepptender vor dem P 1678 Delmenhorst–Bramsche. Ihre Rauchkammertür ist eine nicht original preußische Ersatzausführung. Der Zug war für 91,7 Kilometer drei Stunden unterwegs. Endlich einmal eine positive Entwicklung: Die Strecke wird auch 1997 noch von Personenzügen befahren, sie brauchen 45 Minuten weniger.
Aufnahme: Hesselink, Sammlung Knipping

Dieselbetrieb unter soliden Holzdächern:
Köf 6524 rangierte im April 1968 ganz gemütlich in Marbach am Neckar.

Aufnahme: Bolay

In Rothenburg ob der Tauber gastierte 1951 einer der beiden dieselgetriebenen Aussichtstriebwagen der DB. Die beiden mit der Reihenbezeichnung VT 90 versehenen Fahrzeuge erreichten nicht die Lebensdauer und die Popularität ihres elektrischen Pendants ET 91 01 und wurden 1960 bzw. 1962 ausgemustert.

Aufnahme: Doh

Schienenbus VT 98 ganz klein und ganz groß:
Obwohl man an Mittelpufferkupplung und Stoßfederbügeln normalerweise den einmotorigen Schienenbus VT 95 erkennt, haben wir es hier mit einem zweimotorigen VT 98 zu tun, und zwar mit einem der drei Vorserienexemplare VT 98 901-903 mit Motorbremse. Die Aufnahme entstand am 8.9.1958 in Wegscheid. Die dorthin führende Steilstrecke hätte den einmotorigen Wagen denn doch überfordert. Später wurden hier ja sogar Schienenbusse mit Zahnradantrieb eingesetzt. Der Anhänger ist einer der eigenartigen Einachsbeiwagen für Fahrräder und Gepäck, von denen die DB von 1951 bis 1957 immerhin 60 Stück beschaffte und als VB 141 einreihte. Schon Anfang der sechziger Jahre wurden »die kleinen Mitläufer«, wie eine Modellbahnzeitschrift sie einst nannte, fast alle ausgemustert, die letzten hielten sich noch etwas länger beim Bw Passau.

Aufnahme: Schambach

Aus Serienfahrzeugen der Reihen VT 98 und VS 98 ist hier eine sechsteilige Garnitur zusammengetellt, die im Allgäu planmäßig auf Hauptstrecken eingesetzt war. Mangels Vielfachsteuerung brauchte man für drei Triebwagen aber auch drei Führer.

Aufnahme: Doh

Sogar Straßenbahn fahren konnte man mit der DB! Den ET 195, den wir hier sehen, baute DÜWAG 1954 in zwei Exemplaren für die Meterspurstrecke Ravensburg–Baienfurt. Schon 1959 wurden die grünen Triebwagen durch Bahnbusse abgelöst. Sie wurden dann zuerst in die Niederlande und später nach Österreich verkauft und für den jeweiligen erneuten Einsatz erheblich umgebaut. Das Foto zeigt die im Betrieb übliche Doppeltraktion beider Wagen an der Haltestelle Frauentor in Ravensburg.

Aufnahme: Doh

Bei Äpfingen auf der 750 mm-Bahn Biberach–Ochsenhausen wurde 99 633 am 22. April 1968 mit einem Güterzug aufgenommen. Ein vergessenes Detail alten Schmalspurbetriebes ist das Aufschemeln normalspuriger Güterwagen auf Rollböcke. Daß die Reise der Wagen so hoch über dem schmalen und nicht immer ideal verlegten Gleis (fast immer) gut ging, mag einer »Physik nach Augenmaß« kaum einleuchten.

Aufnahme: Blaschke

Arbeitsplatz Deutsche Bundesbahn

Längst vorbei sind die Zeiten, in denen ein Streckengeher tagtäglich hier eine Mutter nachzog und dort eine Schwelle zur Auswechslung vormerkte. Der mit Maschinen verlegte schwere Oberbau heutiger Zeit muß nicht täglich kontrolliert werden und kann auch nicht von Hand repariert werden. Im Februar 1959 waren solche Wanderer wie hier bei Telgte auf der Strecke Münster–Rheda noch unverzichtbar.
Aufnahme: Rotthowe

Bei Kreuztal im Siegerland ist in den ersten Nachkriegsjahren eine 50er auf Abwege geraten und wird vom schweren Dampfkran wieder auf die Gleise gehoben. Trotz Einsatz schwerer Technik erfordert(e) die Beseitigung von Unfallfolgen auch viele kräftige Hände.
Aufnahme: Sammlung Knipping

Arbeitsplatz Bundesbahn, das war auch das Entwicklungs- und Versuchswesen. Anfang der fünfziger Jahre wurde eine Fülle neuer Fahrzeugarten von der 52er mit Mischvorwärmer bis zum Gliedertriebzug und von der P 8 mit Kurztender bis zum Leichtbauschnellzugwagen erprobt. Hier gilt der Forschergeist einer 23er aus der Nummerngruppe 23 006–010. Obwohl 1951 gebaut, trägt die Lok das Schild »ED« Hannover aus der Besatzungszeit, als die Eisenbahn-Direktionen nicht mehr dem Reich und noch nicht dem Bund zugeordnet waren. Auf die Gattungsschilder mit Kupplungsverhältnis und Achsdruck verzichtete die DB wenig später.
Aufnahme: Sammlung Asmus

Schwerarbeit im Winter: Bevor die Weichen an zentrale elektrische Heizungen angeschlossen wurden, war der Kampf um ihre Gangbarkeit im Winter nur schwer zu gewinnen. Die Bilder zeigen unterschiedliche Methoden des Abtauens im Hamburg der fünfziger Jahre: Oben wird im Februar 1956 in Rothenburgsort an der besonders schwierigen und heute weitgehend ausgestorbenen Doppelkreuzungsweiche mit Propangas gearbeitet, damit die 91 1200 weiterfahren kann, unten spendet 74 439 am 13. Januar 1954 in Altona Dampf für die Enteisung, während 74 562 eine Leergarnitur bereitstellt.

Aufnahme: DB, Sammlung Neumann bzw. Sammlung Eggerstedt

Im Winter war und ist der Arbeitsplatz Eisenbahn gefährlich. Das obere Foto zeigt den Rangierbetrieb mit einer vom Schneesturm arg mitgenommenen 86er in Burg auf Fehmarn am 13. Februar 1953, das untere erinnert an Schneeräumarbeiten im Nebel am 19. Dezember 1952 in Hamburg-Altona.

Aufnahme: DB, Sammlung Neumann

Sicherheit rund um die Uhr ist das »Produkt« der Eisenbahner in den Stellwerken!
Als am 29. Juni 1953 in Lütjenbrode bei Heiligenhafen das Bild mit der 64 134 vor dem Fenster entstand, war die Technik der Gleisbildstellwerke die allerneueste Errungenschaft. Noch tat man im Stellwerk in voller Uniform Dienst!

Aufnahme oben: DB, Sammlung Neumann

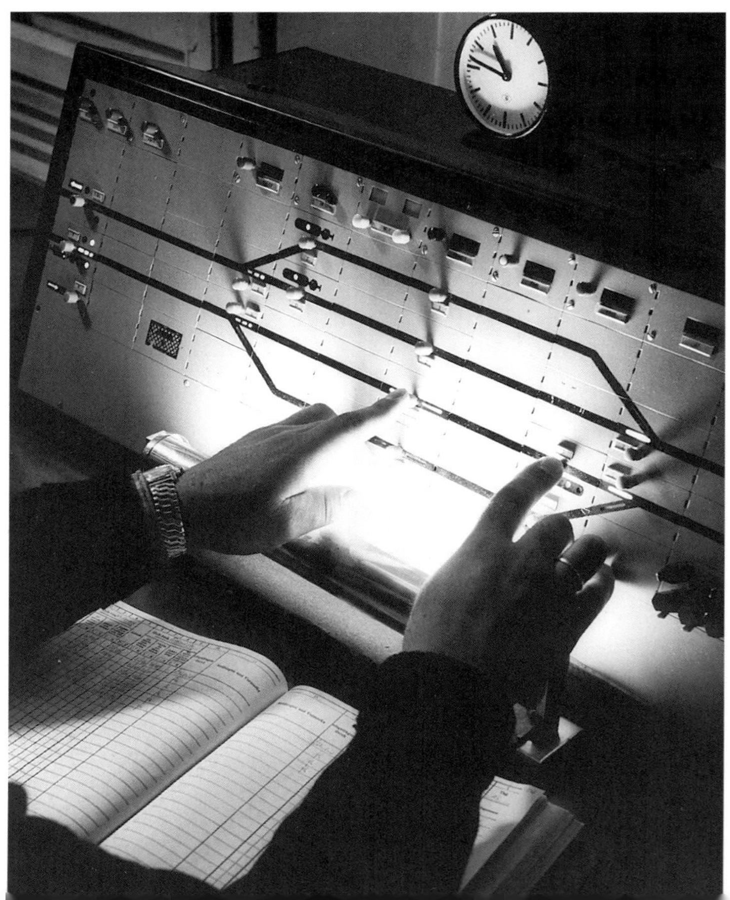

Im Jahre 1957 erhielt auch der Überholungsbahnhof Ems an der Strecke Münster–Osnabrück sein Gleisbildstellwerk. Es ist gerade 22.47 Uhr, der F 17 Nord-Expreß Kopenhagen–Paris mit seiner 01.10 und der D 367 München–Köln–Hamburg mit einer 03 sind gerade durch, jetzt sind die Gleise wieder frei für 41er und 50er mit ihren Güterzügen.

Aufnahme rechts: Rotthowe

Im Stellwerk Hpw in Hannover Hbf wird an einem Wintertag gerade die Ausfahrt eines Eilzuges mit einer 41er überwacht. Schönsten Stil der fünfziger Jahre verkörpern die Deckenleuchten, der Dienststuhl und die Kanzel rechts.
Aufnahme: Sammlung Knipping

Nicht fehlen darf das Bild vom Dienst am Heiligen Abend in einem Hebelstellwerk. Noch so mancher IR und IC der neunziger Jahre erhält übrigens auf kleinen Bahnhöfen seine »Freie Fahrt« von so einem mechanischen Stellwerk, das oft kaum jünger ist als unser Jahrhundert. Wenn wir uns ansehen, wie sich die Sicherstellung der gegenseitigen Abhängigkeit von Weichen und Signalen von einer Hebelbank voll tonnenschwerer Mechanik mit sinnreichen Verriegelungen zum übersichtlichen Stelltisch mit seinen Drucktasten und Relais und neuerdings bis zum Computer entwickelt hat, der jeden Blick aus dem Fenster des Stellwerks entbehrlich macht, muß uns mancher Generationensprung auf dem Fahrzeugsektor fast belanglos vorkommen.
Aufnahme: Below, Sammlung Knipping

In vielen Varianten vollzog sich die Abfertigung des Zuges durch den Aufsichtsbeamten.
Hier hat gerade der Lokführer der ehemals württembergischen 75 031 den Erhalt des Bremszettels quittiert. Die Barttracht des Heizers war seit 1945 nicht mehr aktuell. Das Foto entstand kurz vor der z-Stellung der Lok 1961.
Aufnahme: Bucher

In Hamburg-Altona hielt der Fotograf dieselbe alltägliche Szene 1952 vor der Abfahrt der 41 029 fest.
Aufnahme rechts: DB, Sammlung Eggerstedt

Signal Zp 7 »Abfahren« für Dieselzüge in Schleswig-Holstein: Hier hat gerade das modernste Paradepferd der DB in Elmshorn Ausfahrt erhalten! Wir schreiben den 11. Januar 1952, die V 80 008 ist noch nicht einmal amtlich abgenommen und wird nach der Fertigstellung bei MaK erst einmal in der Nähe des Herstellerwerkes erprobt. Die Begleitmannschaft ist groß!

Aufnahme oben: DB, Sammlung Neumann

Mit perfekter Uniform und Haltung gibt der Aufsichtsbeamte des Bahnhofs Ratzeburg am 1. Mai 1953 dem VT 95 das Zeichen zur Abfahrt.

Aufnahme links: DB, Sammlung Neumann

Eine Dampflokomotive forderte ständig die verschiedensten Prüf-, Wartungs- und Reparaturarbeiten, für die jeder noch so kurze Aufenthalt genutzt wurde. Ein auf seine Maschine stolzes Personal hielt seine Lok auch stets auf Hochglanz. So putzt der Heizer der 01 096 an einem Junitag 1952 vor der Abfahrt aus Frankfurt Hpbf noch eben die Vorreiber der flachen Behelfsrauchkammertür. Gute Lokpflege war natürlich besonders sinnvoll für Personale, die lange für dieselbe Lok zuständig blieben: 01 096 war von 1931 bis 1954 beim Bw Frankfurt(Main) 1!

Aufnahme: Schneiders

Entspannte Minuten für Lokführer und Heizer vor der Abfahrt: 38 2972 des Bw Crailsheim hat genug Kohle bekommen, um Heilbronn alsbald kraftvoll verlassen zu können. Aufnahme 1964.
Aufnahme: Cürlis

Hier ölt Lokführer Vollmer vom Bw Rottweil am 1. Juni 1968 gerade den linken Kreuzkopf der 44 460.

Aufnahme: Schlipf

Das Pressefoto der DB trägt die Beschriftung »Einsatz von angelernten Arbeitskräften im Bahnbetriebswerk München Hbf, Auswechseln von Kolbenringen«. In Arbeit ist ein Schieber, hinter der 50 ÜK steht die 54 1703.

Aufnahme: Engels, Sammlung Knipping

Die neuen Dieselloks wollen erforscht und kennengelernt sein!
Nochmals V 80 008 in Elmshorn, schon mit den Anschriften »ED (!) Nürnberg« und »Bw Bamberg«, am 11. Januar 1952. Die Hüte und die langen Mäntel der Herren im Vordergrund erinnern uns an ein Stück Sozialgeschichte: Noch in den fünfziger Jahren konnte man Arbeiter, Angestellte und »bessere Herrschaften« mühelos an der Kleidung unterscheiden. Auf Standesunterschiede wurde noch großer Wert gelegt. So war der höhere Dienst bei der Bundesbahn eine zahlenmäßig noch sehr eng begrenzte Welt für sich, die Rangstufen der Beamten des gehobenen und mittleren Dienstes konnte man an den Uniformen gut erkennen, und wieder ein ganz anderes soziales Milieu bildeten die Arbeiter.
Aufnahme: DB, Sammlung Neumann

Die V 100 war die einmotorige Streckendiesellok der nächsten Generation. Das fast genau zehn Jahre nach der oberen Aufnahme entstandene Foto zeigt die Schulung des Personals an der V 100 1114 des Bw Kempten in Oberstdorf.
Aufnahme: Sammlung Asmus

Fast erschreckend militärisch wirkt der Bahnpolizist, der im Dezember 1955 mit Schäferhund die Norderelbbrücke in Hamburg und die V 200 001 bewacht. (Vor wem eigentlich, da sich an Bahnanlagen noch keine Kernkraftgegner zu schaffen machten und die Bedrohung durch sowjetzonale Agenten ein Phantom blieb?) Die in Deutschland seit altpreußischen Zeiten besonders ausgeprägte Vorliebe für uniformierte Obrigkeit ging mit dem Ende des in braun, feldgrau, grün und schwarz marschierenden Dritten Reiches noch nicht unter, sondern fand in martialisch uniformierten Polizisten und Grenzschützern neue Identifikationsfiguren. Aber auch Pfadfinder und Rotkreuzhelfer waren auf Amtstracht und Mütze noch sehr stolz, bis dann in der Folge der Umbrüche ab 1968 eine zivile Gesellschaft obsiegte, für die eine Uniform kein Symbol von Staat und Status mehr ist, sondern nur noch eine zur Erkennbarkeit der Funktion ihres Trägers nützliche Dienstkleidung.

Aufnahme: DB, Sammlung Neumann

Auch das war zumal in Dampfzeiten nötig: Feuerwehrübung auf der Rendsburger Hochbrücke am 10. September 1954. Die kleine 24 025 vom Bw Neumünster spendet Dampfdruck und Wasser. Jede der nach dem Krieg verwendeten Behelfsrauchkammertüren, hier eine Bauform mit kleinem gewölbten Mittelteil, gab der Frontansicht einer Lok eine andere Prägung.
Aufnahme: DB, Sammlung Eggerstedt

Der niederländische Kollege beschildert den eleganten blauen Schürzenwagen der DB für seine Fahrt von der Nordsee nach Südtirol.
Aufnahme: Sammlung Schricker

Das waren Zeiten! Im Aufnahmejahr 1952 hatte das Ausbesserungswerk München-Freimann noch 3190 Bedienstete und war u.a. für die Unterhaltung von 404 Dampfloks und 451 Elloks zuständig. Zwanzig Jahre später genügten 1552 Kräfte für 1212 Elloks. Wieder gut zwanzig Jahre später wurde das Werk aufgelöst.
Unser Foto erinnert an die Schwerarbeit einstiger Dampflokausbesserung. Eine 50er wird gerade montiert, nachdem alle Einzelteile die entsprechenden Spezialwerkstätten durchlaufen haben. In einer Festschrift aus dem Aufnahmejahr bezeichnete das AW Freimann die 50er als »modernes Mädchen für alles«.

Aufnahme: Groth-Schmachtenberger, Sammlung Asmus

Im AW München-Freimann genau zehn Jahre nach dem Bild der Vorseite! E 10 197 ist fertig und hat das Untersuchungsdatum 20.7.62 aufgemalt bekommen. Die Dampfloks sind verschwunden, die Zahl der hier zu unterhaltenden Neubauelloks E 10, E 40, E 41 und E 50 hat die 500 überschritten.
Aufnahme: Werkfoto, Sammlung Knipping

Die dritte Traktionsart im Ausbesserungswerk! V 60 369 ist 1959 ins AW Kassel eingerückt und wird zur Aufarbeitung zerlegt.
Aufnahme: Först, Sammlung Knipping

Große Lokomotiven – Große Züge

Die Einheits-Pacifiks waren bei der DB in technisch und optisch sehr unterschiedlichen Ausführungen zu sehen. Von der 01 und 03 in Vorkriegsbauform mit großen Windleitblechen bis zur 01.10 mit Neubaukessel und Ölfeuerung spannte sich ein weiter Bogen. In besonderem Maße ging äußere Eleganz einher mit spektakulären Einsätzen bei der 03.10 in der kurzen Phase zwischen dem Abbau der Stromlinienverkleidung 1949/50 und der Neubekesselung 1957-59. Der Erinnerung an diese F-Zug-Lok der frühen Jahre und ihre stärkere Schwester 01.10 sollen einige Bilder gewidmet sein. 03 1011 ein halbes Jahr vor dem großen Umbau am 28. März 1957 im Heimat-Bw Hamburg-Altona vor dem erst von der DB errichteten Wasserturm. Ihr Umlaufplan enthielt Leistungen zwischen Flensburg und Köln.

Aufnahme: DB, Sammlung Eggerstedt

Die Variante mit der Rauchkammertür bereits ohne Zentralverschluß, noch ohne drittes Spitzensignal und mit unterhalb der Mitte postiertem Nummernschild betont die hohe Kessellage in besonderem Maße und gibt damit allen Einheitsloks das imposanteste Erscheinungsbild.
03 1012 vom selben Bw ist am 16. Mai 1956 in Hamburg-Dammtor mit F 53 »Domspatz« nach Hannover unterwegs. Ohne Ausleger stehen noch die Masten der Wechselstrom-S-Bahn.

Aufnahme links: Montfort

Bei der Fahrt durch einen kleinen Unterwegsbahnhof wurde 03 1049 Mitte der fünfziger Jahre wiederum vom Bw Hamburg-Altona in voller Fahrt vor dem F 56 »Blauer Enzian« aufgenommen. Sie wird den Zug in Hannover an eine 01.10 vom Bw Bebra abgeben, ab Fulda wird eine Würzburger 01 führen, und in Treuchtlingen wird eine Augsburger E 17 für den letzten Abschnitt nach München bereitstehen.

Aufnahme unten: DB, Sammlung Eggerstedt

Und das ist der Zug der Züge in der Geschichte deutscher Dampfloklangläufe: Vor dem F 4 »Merkur« (Hamburg–Köln–Frankfurt–Heidelberg–Stuttgart) blieb die Essener 03.10 von Hamburg-Altona bis Frankfurt am Zuge, das sind 702 Kilometer! Diese Leistung blieb im Regelzugbetrieb unübertroffen, vor Saisonzügen fuhren allerdings in den fünfziger Jahren Treuchtlinger 01 von München-Trudering bis Aachen durch und überboten den genannten Rekord um ganz wenige Kilometer. Die Aufnahme der 03 1081 entstand im September 1956 bei Westbevern zwischen Osnabrück und Münster. Die der einstigen Stromlinienverkleidung angepaßte angeschnittene Rauchkammertür war zu dieser Zeit bei den meisten 03.10 schon durch die Regelausführung ersetzt.

Aufnahme: Rotthowe

Am 24. August 1951 besaß auch 01 1060 noch den alten Kessel und die Rauchkammertür aus Stromlinienzeiten. Der (von 1949 bis 1955) in Hagen-Eckesey beheimateten Lok oblag es, den D 368 Münster–München von Münster nach Köln zu bringen. Das Foto entstand bei Opladen.

Aufnahme: Hesselink, Sammlung Knipping

Immer wieder klassisch die deutsche Einheitslok mit den großen Windleitblechen. 03 184 vom Bw Osnabrück Hbf mit Eilzug nach Wilhelmshaven in Dorbaum bei Sudmühle kurz hinter Münster im Mai 1957.

Aufnahme: Rotthowe

Besondere Gedenkblätter verdient auch die 05. Zwar waren die drei ehemaligen Stromlinienloks nach langer Abstellzeit und Reaktivierung 1950/51 mit einem von 20 auf 16 atü herabgesetzten Kesseldruck ihrer alten Leistungsfähigkeit beraubt, und ihr Nachkriegseinsatz währte auch nur bis 1957, aber die meisten Freunde der Dampflokomotive sind sich einig, daß die einstigen Versuchsloks erst nach Abbau der aerodynamischen Verkleidung die ganze Schönheit ihrer Konstruktion mit den 2300 mm-Rädern zeigten. Auch die Einsätze konnten sich sehen lassen: Die 05 fuhr u.a. die Langläufe Hamburg–Köln–Frankfurt, bevor sie hier durch die 0310 abgelöst wurde.
Nach ihrer Aufarbeitung bei Krauss-Maffei steht 05 001 Ende Dezember 1950 in neuem Glanz in München-Allach.
Aufnahme: Sammlung Knipping

Die 05 003 wurde am 15. Juni 1956 bei der Ausfahrt mit F 2 »Hanseat« in Hamburg-Altona aufgenommen. Sie wird für 478 Kilometer bis Köln an Zuge bleiben. Technisch waren die drei 05er nicht ganz gleich, man beachte im Gegensatz zur 05 001 allein das hintere Drehgestell mit Innenrahmen.
Aufnahme: Montfort

Eine Impression aus dem Nebel des Münsterlandes: 05 003 mit F 1 »Hanseat« auf dem Langlauf Köln–Hamburg auf der Emsbrücke bei Westbevern im November 1956. Beheimatet waren die Loks nun beim Bw Hamm P. Abgelöst wurden sie durch die V 200.
Aufnahme: Rotthowe

Das Jahr 1957 brachte den deutschen Beitragszahlern und Ruheständlern eine Rentenreform, die ihren Namen verdiente, ihrem Kanzler die einzige absolute Mehrheit in der Geschichte der Bundesrepublik, sechs Kernstaaten in Westeuropa eine Wirtschaftsgemeinschaft, dem Weltraum den ersten (sowjetischen!) Satelliten – und der Deutschen Bundesbahn zwei sehr charakteristische und für die fünfziger Jahre typische Schienenstars.
Nach langjähriger Vorarbeit kamen endlich die beiden letzten deutschen Schnellzugdampflokomotiven auf die Schienen, zu einer Zeit, da die Entscheidung für die Elektrifizierung und Verdieselung des Fernverkehrs längst gefallen war. Obwohl der Betrieb mit den störanfälligen und viel zu schweren Maschinen wenig Freude hatte, schlossen viele Eisenbahnfreunde die »Schwarzen Schwäne« 10 001 und 002 mit ihrer unverwechselbaren Verkleidung der Zylinderpartie sofort ins Herz. Als am 18. Juni 1966 die 10 001 auf der Fahrt von Kassel nach Frankfurt bei der Ausfahrt in Marburg aufgenommen wurde, war die kurze Lebensspanne der beiden Sonderlinge schon fast wieder zu Ende.

Aufnahme: Turnwald

Wesentlich langlebiger und erfolgreicher als die Baureihe 10 war der VT 11. Er war der deutsche Beitrag für das Schnelltriebwagennetz »Trans-Europ-Express«, das 1957 im Zusammenhang mit der Gründung der Europäischen Wirtschaftsgemeinschaft eingerichtet wurde und das unter dem Markenzeichen »TEE« alsbald sehr populär wurde. Beim VT 11 vereinigten sich der Mut zum wirklich eigenwilligen und zeitgemäßen Design mit dem Entschluß zu einer Solidität der Konstruktion, die im internationalen Schnelltriebwagenbau nicht immer gewahrt wurde. Der Künstler hat die Dynamik dieses Zuges in den Kontrast zur Statik des Einfahrsignals von Sudmühle bei Münster gesetzt. Der VT 11 fährt als TEE »Parsifal« im April 1958 von Hamburg nach Paris Nord.

Aufnahme: Rotthowe

Die Reihenbezeichnungen »18« und »19« kennzeichneten bei den Dampfloks wie bei den Elloks edles Geblüt! Zweimal die 18.6: 18 611 und 617 vom Bw Lindau warten an einem Augusttag 1962 im alten Kopfbahnhof Kempten auf ihre Abfahrt. Wie schon die alte S 3/6 in ihren vielfältigen Erscheinungsformen rechneten die Fachwelt und die Eisenbahnfreunde auch die von der DB geschaffene Umbauform zum höchsten Lokomotivadel. Leider gehörten auch die 18 601–630 zu den zu spät gekommenen Dampflokomotiven: Im besten Falle lagen zwölf, im ungünstigsten Falle aber nicht einmal sechs Jahre zwischen aufwendiger Modernisierung und Abstellung.

Aufnahme: Kuom

Zwei Nürnberger Schnellzuglokomotiven: In einer parkartigen Landschaft bei Augsburg-Hochzoll wurde E 19 01 am 23. Mai 1953 vor D 258 Frankfurt–München ins Bild gesetzt.

Aufnahme: Schröpfer

E 18 38 stand am 14. August 1955 in dem vom Kriege noch deutlich gezeichneten Nürnberger Hauptbahnhof. Beide Loks hatten schon Dreilicht-Spitzensignal.

Aufnahme: Hesselink, Sammlung Knipping

Große Lokomotiven im wörtlichsten Sinne gab es unter den Dieselloks der DB!
Die einzigen Lokomotiven der Deutschen Bundesbahn mit acht angetriebenen Achsen und zugleich ihre beiden einzigen dieselelektrischen Lokomotiven waren die V 188 001 und 002. Sie waren auch schöne Beispiele für die friedliche Nutzung einstigen Kriegspotentials. Für die Beförderung von Riesengeschützen an der Ostfront gebaut, dienten sie einer sparsamen Nachkriegseisenbahn noch zwanzig Jahre als Schiebeloks auf der Steilrampe Laufach–Heigenbrücken bzw. als Güterzugloks im Maintal. Das Foto zeigt die V 188 002 (Maschinenseite a) nach der am 24.11.1951 abgeschlossenen Aufarbeitung.
Aufnahme: EZA München, Sammlung Knipping

Fast doppelt soviel Leistung war auf den sechs Achsen der V 320 001 installiert, die bei ihrer Fertigstellung 1962 als stärkste (einteilige) Diesellok der Welt galt. Sie blieb im Eigentum des Herstellers Henschel und wurde nicht nachgebaut, weil die DB für ihren Leistungsbereich den elektrischen Betrieb vorgesehen hatte. Die Lok war aber ein wichtiges Schaustück für den Export, mit dem die deutsche Industrie Anfang der sechziger Jahre erstmals sogar in den USA Erfolge verbuchen konnte.
Aufnahme: Sammlung Knipping

Eine bedeutsame Neuentwicklung für den hochwertigsten Fernverkehr und eine dringend notwendige Verstärkung für die reaktivierten Vorkriegs-SVT war der ab 1952 eingesetzte VT 08. Ein solcher Triebzug holte 1954 die deutsche Fußballmannschaft mit dem Weltmeistertitel von der Schweizer Grenze ab und solche Züge waren provisorisch als TEE eingesetzt, als der VT 11 noch nicht fertig war. Kaum ein Nostalgiefahrzeug unserer Tage schließlich erreicht solche Kilometerleistungen wie der VT 08. Vor Erfindung des »DB«-Zeichens trug er ein sehr stolzes Flügelrad.
In Neukirchen auf der Strecke Lübeck–Großenbrode fuhr ein VT 08 im Plan des D 141 am 29. April 1955 an einer Baustelle vorbei, die dem zweigleisigen Ausbau und der Trassenverbesserung auf der künftigen Vogelfluglinie diente. Längst historisch ist die Verwendung von 600 mm-Gleisen und Feldbahnloren auf Baustellen.
Aufnahme: DB, Sammlung Eggerstedt

Eine Doppeleinheit VT 08 war im März 1953 als F 1 »Hanseat« zwischen Köln und Kiel unterwegs. Der Fotograf stand an der Einfahrt zum Hauptbahnhof Münster bereit.
Aufnahme: Rotthowe

Güter gehör(t!)en auf die Bahn

Einen großen Teil der Wirtschaftsgeschichte Deutschlands und vieler seiner Nachbarländer in diesem Jahrhundert könnte man auf folgende Kurzformel bringen: War der Kampf um die ausreichende Produktion landwirtschaftlicher Produkte, um die Förderung von Kohle und um die Herstellung von Stahl bis über den zweiten Weltkrieg hinaus die größte existenzielle Sorge, so wurde die mangelnde Absetzbarkeit eben dieser drei Güter später zum größten sozialen Problem. In den fünfziger Jahren war die Kohle noch schwarzes Gold und wichtigstes Frachtgut der DB. Kohlentransport ganz groß: Eine 50er und eine 57er bringen am 10. Juni 1963 tschechische Kohle nach Bayern, Aufnahme in Hersbruck rechts der Pegnitz.

Aufnahme: Turnwald

Kohlentranport ganz klein: Ein auf Rollböcke gesetzter und auf privater Meterspur nach Bruchhausen-Vilsen gebrachter Selbstentladewagen der DB entlädt 1960 seine feinkörnige Fracht über Förderband in einen Anhänger landwirtschaftlicher Bauart, damit der Hanomag-Traktor die letzte Etappe bis zum Verbraucher übernehmen kann.

Aufnahme: Schreiber, Sammlung Knipping

Zuckerrüben gehörten jeden Herbst zu den massenhaft auf der Bahn beförderten Gütern. Auf einem württembergischen Bahnhof stehen die Gespanne Schlange, um ihre Fracht über ein einzelnes Förderband an die O-Wagen loszuwerden.

Aufnahme: Doh

Mit dieser Aufnahme aus Wittighausen zwischen Lauda und Würzburg demonstrierte die DB den Fortschritt ihrer Verladetechnologie: Jetzt wird von erhöhter Rampe über Rutschen umgeladen. Die DB der fünfziger und sechziger Jahre unterstützte ländliche Genossenschaften beim Bau solcher Anlagen – und die DB der achtziger Jahre zahlte den Zuckerrübenanbietern Prämien, wenn sie auf den Bahntransport verzichteten und den LKW wählten. So einfach ist Verkehrspolitik!
Die Wagen sind noch mit »DR Brit-US-Zone« beschriftet, sind aber nicht mehr nach »Gattungsbezirken« benannt, die hier beim hohen und beim halbhohen O-Wagen ganz ostmärkisch »Klagenfurt« und »Linz« gelautet hatten.

Aufnahme: Doh

So oder ähnlich sah der Alltag der Güterbahn einst überall aus: Irgendeine 55 (oder 56, 57, 86 oder 93) steht ordnungsgemäß mit Packwagen vor ihrem Nahgüterzug und wartet mit ihren Rangiergeschäften oder mit der Weiterfahrt, bis der Personenzug durch ist. Hier war es am 12. Mai 1961 in Schleiden an der Strecke Kall–Hellenthal ganz im Westen Deutschlands die Euskirchener 55 4848. Die Lok hatte noch zehn Dienstjahre vor sich und gehörte bei ihrer Ausmusterung 1971 zu den letzten G 8.1 und überhaupt zu den letzten preußischen Länderbahnloks.
Aufnahme: Hesselink, Sammlung Knipping

Zum Alltag des Güterverkehrs gehörte die Wagenverteilung auf den Ablaufbergen der früher noch sehr zahlreichen Rangierbahnhöfe. Hier befiehlt das Abdrücksignal »Ra 7« in Kornwestheim gerade der 94er, auch noch den letzten O-Wagen und den »Amerikaner« über den Berg zu schieben.
Aufnahme: Doh

Nicht wegzudenken aus dem deutschen Güterverkehr der vierziger bis siebziger Jahre war die Baureihe 50 in all ihren Bauformen von der klassischen Einheitslok mit großen Blechen über die »entfeinerte« 50 ÜK bis zur gelungenen Rekolok der Reichsbahn! 50 3039 gehörte zu der seltenen Versuchsausführung mit Mischvorwärmer. Sie verläßt hier am 20. Juni 1960 gerade Meppen an der Ems in Richtung Rheine. Noch immer war der alte Güterzugpackwagen mit von der Partie, obwohl sein Insasse doch eigentlich mit der eigens in den Tender eingebauten Kabine vorliebnehmen sollte!

Aufnahme: Hesselink, Sammlung Knipping

Die 50 2619 entsprach der Regelausführung einer DB-50. Sie verläßt am 28. Juni 1967 Husum mit einem Zug aus zweistöckigen Kleinviehwagen, die besonders für Schafe geeignet waren. Der Begleitwagen ist erst in den sechziger Jahren aus einer »Donnerbüchse« umgebaut worden. Auch hier blieb die Tenderkabine leer.

Aufnahme: Eggerstedt

Schwere Brocken: Elefanten legen auf ruhiges Reisen wert und sind deshalb bis heute Kunden der Bahn geblieben. Gewiß wird die »Neue Bahn« aber demnächst eine scheinbar unwiderlegbare betriebswirtschaftliche Begründung dafür vorlegen, auch das gesamte Zirkusgeschäft auf die Straße zu komplimentieren.

Aufnahme: Först, Sammlung Knipping

Der schwere Dampfkran muß bemüht werden, um im Güterbahnhof Fulda einen Dieselmotor umzuladen. Ein Teil der Reise wird auf einem Culemeyer-Straßenroller der sechsachsigen Bauart mit Vollgummireifen zurückgelegt. Die P 8 fährt mit einem Personenzug ab.
Aufnahme: Först, Sammlung Knipping

Die Bundesbahn beförderte auch ihre eigene Konkurrenz! Hier sind 42 Stück vom Wirtschaftswunderfahrzeug schlechthin, dem Volkswagen, auf der Reise zu den glücklichen Erwerbern. Noch nahm man diesen Kraftwagen viel zu ernst, um ihn mit dem Kosenamen »Käfer« zu belegen. Wir erkennen die im August 1957 eingeführte Modellvariante mit der größeren Heckscheibe. Dem Autotransport dienen Pärchen von Zweiachsern, Dreiachser in Gelenkbauart sowie ein Zweiachser.

Aufnahme: Först, Sammlung Knipping

Vier Güterwagen mit automobiler Fracht aus Bremen sind auf dem Rangierbahnhof Kornwestheim angekommen. Ein Wagen mit zwei Borgward-PKW hat bereits die letzte Weiche zu seinem Richtungsgleis genommen, die drei Rungenwagen mit sechs Stück vom legendären »Goliath«-Dreirad rollen gerade vom Ablaufberg.

Aufnahme: Windstosser, Sammlung Doh

Bundesbahn und Straße

Die Bilder vom Autotransport auf der Schiene haben uns bereits darauf eingestimmt, nun weitere Impressionen vom Nebeneinander, Miteinander und Gegeneinander von Eisenbahn und Straßenverkehr zu sammeln.
Ein sehr inniges Verhältnis hatte der Eisenbahnverkehr zur Straße jedenfalls dort, wo er auf der Straße stattfand! Bei Lokal- und schmalspurigen Kleinbahnen war dies einst gar nicht so selten. Hier in Bietigheim war es die Anschlußbedienung, die die 57 1699 dazu veranlaßte, sich im Schrittempo zwischen den Häusern vorzutasten. Die preußische Lok gehörte von 1950 bis zu ihrer Abstellung zum Bw Heilbronn. Längst historisch ist auch der »Feinkost«-Laden rechts aus einer Zeit vor Einführung der großen Schaufenster. Wer würde da nicht gerne noch einmal »ONKO«-Kaffee kaufen...

Aufnahme links: Landesbildstelle Baden-Württemberg

In den großen Städten hatte man bereits um die Jahrhundertwende den Schienenverkehr durch Höherlegung der Bahnanlagen großzügig vom Fußgänger-, Fuhrwerks- und Straßenbahnverkehr entflochten. Die Brücken mit den Zügen über dem großstädtischen Gewimmel z.B. vor den Bahnhofshallen von Berlin-Friedrichstraße oder Dresden Hbf wurden stadtbildprägende Ansichtskartenmotive. Ganz ähnlich sah es in Hamburg-Dammtor aus, wo im Juni 1954 über vielen Volkswagen (ganz extravagant als Cabrio, ganz konventionell mit geteilter Heckscheibe und ganz praktisch als Kastenwagen) und anderen Autos mit bizonalen Nummern eine 03 mit Kesselringen vor schwerem Postwagen auf die Weiterfahrt wartete.

Aufnahme unten: DB, Sammlung Neumann

Was wir hier auf der rechtsrheinischen Bundesstraße 42 sehen, hieß zu Zeiten von weißen Nummern auf schwarzem Grund noch nicht »Stau«, sondern »Verkehrsstockung«. Die Ausflügler, die mit alten württembergischen Vorortwagen am Rhein entlang fahren, und die Fußgänger haben gut winken; die Lenker der bis an den Horizont wartenden Vor- und Nachkriegsautos dürften weniger begeistert gewesen sein. Vielleicht haben sie hier in Rüdesheim an einem der vielen gefürchteten Bahnübergänge an den Rheinstrecken ja zuvor schon eine 03 mit einem Schnellzug abgewartet und werden jetzt noch einen Kohlenzug mit zwei 52ern abwarten müssen...

Aufnahme: Hock, Sammlung Knipping

Auch der schönste Porsche – Modell 1956 – muß ganz brav warten, wenn erst einmal die Gemündener 44 1675 vorbei will. Auch hier auf der hochbelasteten Nord-Süd-Strecke Würzburg–Bebra kann es sein, daß dann noch ein Gegenzug mit einer 01.10 kommt.

Aufnahme: Först, Sammlung Knipping

Jetzt lassen wir die ganzen 01er und 38er mal oben auf ihren Gleisen allein und gehen auf den Bahnhofsvorplatz!
Vor dem Starnberger Flügelbahnhof in München ist für uns ein ganzes Bahnbusmuseum aufgefahren. Da fehlt weder der ganz schwere Faun rechts noch der hochmoderne SETRA-Leichtbauwagen in der Mitte noch der Daimler-Benz mit konventioneller Motorhaube und Anhänger links. Nagelneu im Münchner Stadtverkehr sind die dreiachsigen Straßenbahnwagen. Der Bundespost gehört der DKW-Lieferwagen mit Schiebetür unten links. Steinerne Eisenbahngeschichte ist ganz hinten im Bild sichtbar: Die im Krieg schwer beschädigte Kuppel gehörte einst zum königlich bayerischen Verkehrsministerium. In diesem Gebäude wurden die Aufträge für eine S 3/6 oder Gt 2x4/4 unterschrieben. In den sechziger Jahren wurde das Baudenkmal beseitigt.

Aufnahme: DB, Sammlung Knipping

Diese Ansichtskarte zeigt den Hauptbahnhof Saarbrücken in den fünfziger Jahren. Vom repräsentativen Empfangsgebäude hat der Krieg fast nur die beiden Türme übriggelassen, die nun hoch über die einstöckige Behelfsarchitektur aufragen. Am Bahnsteig sind Abteilwagen der Stahlbauart der frühen Reichsbahnzeit zu sehen. Der große Anteil von Autos der Marken Citroën, Peugeot und Renault erinnert daran, daß das Saarland von 1947 bis 31.12.1956 politisch und bis 5.7.1959 wirtschaftlich an Frankreich angeschlossen war.

Aufnahme: Sammlung Knipping

Die imperiale Ansicht des Stuttgarter Hauptbahnhofes mit dem nicht minder eindrucksvollen Porträt eines Bahnbusses von Faun offenbart ein interessantes Detail: Der 1994 eingeführte »neue« DB-Keks ist älter als das von 1955 bis 1993 gebräuchliche rundliche Logo! Der Bundesbahnobersekretär oder -amtmann des Kraftwagendienstes freilich, der irgendwann Anfang der fünfziger Jahre ein »D« und ein »B« in einen ziemlich eckigen Rahmen setzte, konnte nicht ahnen, daß eine angeblich betriebswirtschaftlich denkende privatisierte Bahn dermaleinst für die Nachahmung seiner bescheidenen Mühe einen sechsstelligen Betrag ausgeben würde.
Aufnahme: Windstosser

Auf der Strecke Pforzheim–Wildbad zwischen amerikanischer und französischer Zone verstärkte der Bahnbus (Modell Faun) das Angebot des Schienenverkehrs. Busse wurden im Eisenbahndienst übrigens zunächst nicht als Ersatz für Nebenbahnzüge eingesetzt: Die Reichsbahn mußte sich in den dreißiger Jahren auf den Reichsautobahnen auf politische Weisung mit Buskursen selbst Konkurrenz machen; nach dem Zweiten Weltkrieg wurden Busse dort benötigt, wo die Zerstörung von Brücken einen Schienenersatzverkehr erforderte.

Aufnahme: Doh

Älter als alle deutschen Eisenbahnen waren die Entwürfe des bayerischen Oberbergrates von Baader für Wagen, die auf Schienen wie auf Straßen fahren sollten. Seine Ideen hatten mit unzähligen späteren Konzepten eines gemeinsam: Den Mißerfolg. Die junge Bundesbahn schuf außer dem vergessenen »Zwei-Wege-Güterwagen« auch den »Schiene-Straße-Bus«. Das Bild stammt aus der Versuchsphase: Ein Krauss-Maffei-Bus ist für die Schienenreise auf zweiachsige Drehgestelle gesetzt. Fotografiert wurde auf der Strecke Leinfelden–Waldenbuch in Württemberg.

Aufnahme: Doh

Von 1952 bis 1955 wurden 55 »Schi-Stra-Busse« beschafft. Die gezeigte Serienausführung war eine Gemeinschaftsproduktion der Nordwestdeutschen Fahrzeugwerke Wilhelmshaven (Wagenteil), der Firma KHD (Motor) und der Waggon- und Maschinenbau GmbH Donauwörth (Drehgestelle für Schienenfahrt). Oben sehen wir einen Bus des 1954–55 gefahrenen Kurses Waldshut–Rottweil mit Straßenfahrt Weizen–Zollhaus Blumberg beim Einfahren der Drehgestelle in Zollhaus Blumberg.

Aufnahme: Montfort

Unten sieht man in einer Aufnahme vom 20. August 1953 die sehr stark von der Stromlinienmode geprägte Rückfront des Busses, der seit Mai 1953 von Passau nach Cham (mit Straßenfahrten Passau–Grafenau und Bodenmais–Kötzting) fuhr. Die Reibung der Gummireifen auf den schmalen Schienen war für Steigungen zu gering. Ausgerechnet bei der Mitfahrt einer SNCF-Delegation im Herbst 1956 blieb der Bus auf feuchten Schienen im Wald liegen, die französischen Gäste kamen in den Genuß einer Wanderung. Solche Erfahrungen sowie der extreme Reifenverschleiß und die beim Personal unbeliebte Mühsal des Umsetzens bereiteten dem Einsatz des originellen Gefährts im Bayerischen Wald schon 1957 ein Ende. Immerhin: Auf der Strecke Koblenz–Betzdorf fuhr der Zwei-Wege-Bus von 1954 bis 1967.

Aufnahme: Sammlung Asmus

Deutsche Bundesbahn im Wandel

Mit der Besichtigung von »Frontverläufen« zwischen Schienen- und Straßenverkehr in einem härter werdenden Verkehrswettbewerb und in einer Gesellschaft, die der individuellen Alltags- und Freizeitgestaltung allerhöchste Priorität einräumte, haben wir bereits begonnen, die Deutsche Bundesbahn im Wandel zu entdecken, im Wandel zwischen alt und neu, zwischen Nachkriegszeit und Wirtschaftswunder, zwischen Dampf/ Stahl/ Gußeisen/ Holz/ Ölfarbe/ Kopfsteinpflaster und Strom/ Aluminium/ Glas/ Kunststoff/Asphalt...

Eines der größtes Bauvorhaben der deutschen Eisenbahngeschichte war die Elektrifizierung der Fernstrecken. Besonders schwierig war der Einbau der Oberleitung in Tunneln aus dem vorigen Jahrhundert. Hier wird gerade am Tunnel bei Ersingen aus dem Jahre 1861 an der Strecke Karlsruhe–Pforzheim gearbeitet, wo die 75 1120 und alle ihre Artgenossinnen demnächst, am 29. Mai 1958, der elektrischen Konkurrenz weichen sollen.
Aufnahme: Bischoff

In diesem Tunnel auf der Strecke Hanau–Bebra vergrößerte man für die Elektrifzierung das Profil durch Tieferlegung der Gleise. Während der gerade sichtbaren Bauphase wird der Betrieb eingleisig geführt. Der elektrische Betrieb wurde am 30. September 1961 von Hanau bis Fulda, am 9. März 1963 bis Bebra, am 26. Mai 1963 bis Hannover (sowie zwischen Gemünden und Flieden) und am 14. Dezember 1964 bis Bremen aufgenommen. So schnell ging das damals!

Aufnahme: Först, Sammlung Knipping

Immer wieder reizvoll: Die Begegnung verschiedener Traktionsarten!
Eine Stuttgarter 39 vor einem Schnellzug zieht am 1. Dezember 1963 mit der vollen Kraft ihrer drei Zylinder in Stuttgart-Rohr auf dem linken (!) Gleis der Gäubahn am ET 55 02 vorbei. Er hat hier erst mit der Elektrifizierung der Strecke Stuttgart Hbf–Böblingen zum 26. Mai 1963 eine neue Einsatzstrecke erhalten. Ein Jahr nach der Aufnahme sollte ihm die große Modernisierung der ET 25/55/32 bevorstehen, bei der die zeitlos schöne Stirnpartie dieser Triebwagen durch eine sehr langweilige Zweckform ersetzt werden sollte.
Aufnahme: Blaschke

In Lauffen zwischen Stuttgart und Heilbronn begegneten sich von 1959 (Aufnahme des elektrischen Betriebes) bis 1964 (Umstellung der Strecke nach Leonbronn auf Normalspur) der elektrische Betrieb mit der 750 mm-Schmalspur. 99 716 war eine der wenigen sächsischen Länderbahnlokomotiven im DB-Bestand. Auch E 17 105 hatte ihren Dienst einst in Sachsen aufgenommen, nämlich beim Bw Leipzig Hbf West. Beide Maschinen waren in den dreißiger Jahren an den Neckar versetzt worden.
Aufnahme: Doh

Neue Dampflok, alte Abteilwagen: 82 025 hatte gerade erst das Werkstor von Henschel hinter sich gelassen, als sie im Herbst 1950 im Dienste des Bw Siegen den Personenzug Siegen–Betzdorf mit einer für heutige Augen geradezu musealen Garnitur führte. Beim ersten, vierten und fünften Wagen handelt es sich um die damals noch sehr verbreiteten preußischen Abteilwagen mit etwas höher gewölbtem Dach, der zweite Wagen ist ein älteres Modell mit sehr flachem Dach, fast neu wirkt die Donnerbüchse mit geschlossenen Plattformen an dritter Stelle, und auch der vorletzte Wagen, ein Stahlwagen der Bauform von 1921, scheint frisch lackiert zu sein. Die Lok ist mit der »Kellerschen Kupplung« ausgerüstet, mit der eine Schiebelok während der Fahrt vom Zuge abgehängt werden kann.
Aufnahme: Sammlung Asmus

Die 23 052 war eineinhalb Jahre alt und dem Bw Koblenz-Mosel zugeteilt, als sie im Oktober 1956 auf der Hohenzollernbrücke dem noch vom König Dampf beherrschten Kölner Hauptbahnhof zustrebte. Auch in ihrem Zug rahmen Abteilwagen einen Reichsbahnzweiachser mit geschlossenen Plattformen ein.
Aufnahme: Rotthowe

Wer sich die Zeit dafür nahm, konnte auf vielen Strecken die gleichzeitige Präsenz mehrerer Fahrzeuggenerationen dokumentieren. So gelangen dem Fotografen in einer geruhsamen Mittagsstunde an der Allgäubahn zwischen Oberstaufen und Röthenbach im September 1962 Bilder des D 94 München–Zürich, der noch mit einer der schon rar gewordenen 18.6 bespannt war, und des D 93 »Bavaria« Genf–München, der mit einer jener V 200.0 bespannt ist, die dem Bw Kempten zugeteilt waren, bevor dann ab März 1963 die V 200.1 sowohl die V 200.0 als auch die 18.6 und die 39 ablöste.

Längst sind in Deutschland die offenen unverbauten Landschaften selten geworden. Siedlungs- und Gewerbebebauung sowie breite Straßen zerfressen Wald und Flur. Am austauschbarsten und sterilsten wirkt die »neue Landschaft« dort, wo sie mit Zierpflanzen, geschwungenen Fuß- und Radwegen und postmodernen Lampen auf »Gefälligkeit« getrimmt ist.

Aufnahme: Doh

Zum Bild der Bundesbahn in der Zeitgeschichte gehört auch der Besatzungsverkehr, dessen Bandbreite vom Truppentransport bis zum Berlin-Zug und von Urlauberzügen aus den britischen Rheinland-Quartieren ins Voralpenland bis zu den Diensttriebwagen der Hohen Kommissare reichte.
Der Bahnsteig von Landau ist am 12. Juli 1957 von französischen Soldaten bevölkert, während auf dem nächsten Gleis die 86 721 des Bw Zweibrücken wartet.

Aufnahme: Sammlung Hünerfauth

Vom deutschen VT 08 waren sechs zweiteilige Salon- bzw. Lazarett-Triebwagen für die US-Army abgeleitet. Sie liefen unter den Nummern VT 08 801-806. Das Bild zeigt den olivgrünen Lazarettzug VT 08 804, der von 1956 bis 1973 in Betrieb war.

Aufnahme: Sammlung Knipping

Nicht auf Anhieb gelang der Wandel zu einem mittels elektronischer Datenverarbeitung zu verwaltenden Triebfahrzeugbestand in den Jahren 1968/69.
50 045 verlor ihre Metallschilder, erhielt aber noch nicht gleich die Siebdruckschilder »050 045-4« nach neuer Vorschrift. So mußte sie zunächst mit einer unschön aufgemalten Nummer nach altem Muster vorlieb nehmen. Die Aufnahme stammt aus Backnang. Die Lok fuhr im März 1969 gerade Tender voraus zum Heimat-Bw Crailsheim. Einer Stirnlaterne ist eine rote Scheibe als Zugschluß vorgesteckt.
Aufnahme: Wollny

Völlig mißglückt ist der erste Versuch, die 50 2486 des Bw Hannover Hgbf zur 052 486-8 umzuzeichnen. So wurde denn erst einmal die Nummer der Kriegslok 52 486 wiederbesetzt. Die hatte es natürlich auch einmal gegeben: Sie gehörte zum Bw Posen Ost und blieb vermutlich nach 1945 in der Sowjetunion. Metallene Nummernschilder wie das am 19. Mai 1968 verewigte hatte sie freilich nicht besessen.
Aufnahme: Blaschke

E 18 in einer sich wandelnden Eisenbahnlandschaft: Im Februar 1951 stand E 18 25 im Nürnberger Hauptbahnhof abfahrbereit in Richtung Südosten. Erst seit 15. Mai 1950 konnte die DB elektrisch von Nürnberg nach Regensburg fahren. Die damals (neben der E 19) modernste elektrische Schnellzuglok stand neben einem Veteranen der Baureihe ET 87 aus dem Jahre 1914. Die Kuppel des Bahnhofes war von Bombenschäden gezeichnet.
Aufnahme: Schneiders

E 18 30 zählte fünfzehn Jahre später schon zu den älteren elektrischen Semestern der Bundesbahn. Den Kontrast zu ihr liefert nun das zentrale Gleisbildstellwerk für den Münchner Hauptbahnhof, das im Herbst 1964 in Betrieb genommen wurde und die Funktion von 17 alten Stellwerken übernahm.
Aufnahme: Engels, Sammlung Knipping

Neue Lok – alter Wagen: Die erste Ellok neuen Typs nach 1945, die E 10 001 von Krauss-Maffei, rangierte in Stuttgart Hbf mit einem CIWL-Schlafwagen. Auf dem hinterem Einstiegsfußtritt sieht man den Rangierer.

Aufnahme: Doh

Alte Lok – neue Wagen: E 04 17 war am 14. April 1959 mit dem F 30 »Münchner Kindl« Frankfurt–München als Ersatz für einen ET 11 unterwegs und wurde beim Stellwerk Ulm Hbf Nord aufgenommen. Der zweite Wagen ist ein Versuchsmodell von 1952, das sich noch stark an die Schürzenwagen der Vorkriegszeit anlehnte.
Die E 04 war dafür bekannt, daß ihre Bremse recht knapp dimensioniert war. Die Bremsen eines Zuges von nur zwei Wagen schufen hierfür nur schwachen Ausgleich, so daß die »Tour« beim Personal nicht allzu beliebt gewesen sein dürfte.

Aufnahme: Montfort

Bundesbahn in Farbe Teil II

Ein wunderbarer Zug war auch der nur aus einer grünen E 18 und zwei Wagen bestehende F 39 »Mozart« Strasbourg–München, wie er im Juni 1957 bei Augsburg-Hochzoll beobachtet werden konnte. Der Aufnahmetag muß ein Sonntag gewesen sein, denn werktags wurde noch ein Speisewagen mitgeführt. Der erste Wagen ist ein Schürzenwagen, der zweite ein »Gruppe 30« mit zurückgesetzten Einstiegen, beide haben 1951 die hellblaue Farbgebung für die ersten F-Züge bekommen.
Aufnahme: Schröpfer

Eine tüchtige elektrische Schnellzuglok war auch die E 17. Freilich stand sie stets ein wenig im Schatten ihrer optisch gefälligeren Nachfolgerinnen E 18 und E 19. Das Bild zeigt die E 17 116 im Jahre 1965 abfahrbereit in München Hbf. Eigentlich hätte ihr ein Bundesvertriebenenausweis »A« zugestanden, denn sie gehörte nach ihrer Flucht aus Schlesien im Februar 1945 zu den Heimatvertriebenen.
Aufnahme: Dr. Dr. Abriel

Nimmst du mich mit Onkel?

Diese beiden Seiten sind zeitgenössischen Ansichtskarten gewidmet, bei denen man mit Farbe nicht gegeizt hat!
Die V 200 war ein überaus populäres Stück Technik! Kaum zu zählen sind ihre mehr oder weniger gelungenen Abbildungen und Modelle. Genauso wie beim VT 11 genügten ja ganz wenige Striche, um eine V 200 auf einem Reiseprospekt oder auf der Leuchtreklame eines Spielwarengeschäftes unverwechselbar zu skizzieren. Die Frage des jungen Eisenbahnfreundes »Nimmst Du mich mit, Onkel?« wird der Lokführer freilich abschlägig beantworten müssen, denn für Anliegen wie Lokmitfahrten, Bw-Besuche oder Gleisüberschreitungen für ein Foto waren die in Traditionen des Obrigkeitsstaates ausgebildeten Bundesbahngewaltigen meist wenig aufgeschlossen.

Aufnahme: Ansichtskarte nach einem Foto von Porst, Sammlung Knipping

Auch mit dem VT 08 zumal in seiner endgültigen Farbgebung mit herabgeschwungener schwarzer Fensterpartie machte die DB sehr gern Reklame.

Aufnahme: Werbepostkarte nach einem Foto von Palm, Sammlung Knipping

Der Text auf der Karte mit den frohen Bahnkunden auf dem Bahnsteig des Rhein- und Weinstädtchens Assmannshausen lautet: »Sonntagsausflüge mit hoher Fahrpreisermäßigung« . Man reiste mit älteren Eilzugwagen sowie einem derselben Bauart entstammenden sogenannten »Tanz-« oder »Sambawagen« im roten Farbkleid der Speisewagen.

Aufnahme: Werbepostkarte nach einem Foto von Palm, Sammlung Knipping

Der Hindenburgdamm, wie er auch bei einer Jahrhundertsturmflut nicht aussieht: Ein kritischer Blick auf die Perspektive zeigt, daß das Gleis mit dem Autotransportzug ganz einfach in ein Foto mit rauschender Brandung hineinmontiert ist. Im Eifer des Gefechts hat die V 200 dann auch gleich noch rote Pufferteller bekommen. Kaum ein Eisenbahnmotiv hat die Phantasie der Retoucheure über Jahrzehnte hinweg so stark angeregt wie der Zug, der sich auf dem sicheren Gleis des Dammes nach Sylt gegen die Naturgewalten behauptet!

Aufnahme: Ansichtskarte Sammlung Knipping

Schwarz-rot-silber: Triebwagen der Bundesbahn: Das Zeitalter des Schnelltriebwagens mit Dieselantrieb währte in Deutschland von der Mitte der dreißiger bis zur Mitte der achtziger Jahre ein halbes Jahrhundert. Elektrische Triebzüge gelangten im deutschen Eisenbahnwesen erst in Form des ICE ab 1991 zu nennenswerter Bedeutung, um freilich inzwischen längst die Summe aller Laufkilometer zu übertreffen, die von allen »Fliegenden Hamburgern«, VT 08, TEE und VT 18.16 insgesamt erreicht wurde.
Einer der ganz wenigen Pioniere des elektrischen Schnelltriebwagenverkehrs war der ET 11, den wir hier in seiner von der DB entworfenen letzten Farbvariante einige Jahre vor der Abstellung (1961) sehen.

Aufnahme: Sammlung Asmus

Nur in Deutschland wurde die Entwicklung des Triebwagens mit Akkumulatorantrieb gepflegt! Etwa hundert Jahre währte von den ersten Probefahrzeugen über die bewährten preußischen Doppeltriebwagen bis zum letzten ETA 150 die Einsatzgeschichte dieser elektrischen Selbstversorger. Die DB nahm die Weiterentwicklung der Akkutriebwagen nach dem Krieg in den Jahren 1952-54 mit der Inbetriebnahme von acht ETA 176 auf. Das Foto zeigt einen Wagen während der Erprobung durch das BZA München am Ufer des Schliersees im schönen Oberbayern.

Aufnahme: Sammlung Asmus

Vergleichsweise bieder und grundsolide wirkt der ET 255 01, der Doppeltriebwagen für 50 Hz und 20 kV, den eine Ansichtskarte der fünfziger Jahre an einer der meistfotografierten Stellen des Höllentals zeigt.

Aufnahme: Sammlung Knipping

Kaum ein Schienenfahrzeug hat in Deutschland jemals so viel Aufsehen erregt wie der Gliedertriebzug VT 10! Zur Münchner Verkehrsausstellung 1953 gerade eben fertig geworden, stahlen die Sitz- und die Schlafwagenvariante VT 10 501 und 551 dort der 18.6, der 45, der E 94 und dem Schienenbus die Schau. Nur die V 200 konnte an Attraktivität mithalten. Die aerodynamischen rot und silber glänzenden Leichtbauzüge symbolisierten »Stromlinie« und »Jahr 2000«, erinnerten an »Flugzeug« und an »Amerika« und standen somit für alle Träume der wohlstands- und zukunftsseligen Bundesbürger. Die Leuchtkraft von »Senator« und »Komet« bewies unfreiwillig sogar die Presse der DDR, die nicht genug über »unsolide Aluminiumzüge für Kapitalisten« schimpfen konnte. Das Foto zeigt den VT 10 501 gegen Ende seiner nur vierjährigen Betriebszeit mit einer neuen Farbgebung und dem »DB-Keks«.

Aufnahme: Hehl, Sammlung Asmus

Dampf in Farbe – großstädtischer Nahverkehr im August 1965: Ein Fotomotiv für Frühaufsteher: Der Nahverkehrszug nach Schwäbisch Hall verläßt morgens um 6.42 h mit zwei P 10 den Stuttgarter Hauptbahnhof. Es führt 39 237, der zur Aufnahmezeit im August 1965 nur noch zwei Monate des aktiven Dienstes bevorstehen.

Aufnahme: Junghans

Im selben Monat wurde 65 014 im Hauptbahnhof der »Einkaufsstadt Essen« aufgenommen, zu einer Zeit, da sie noch im Wendezugdienst Essen–Kettwig–Düsseldorf eingesetzt war. Im Mai 1966 war es damit vorbei.

Aufnahme: Dr. Dr. Abriel

Dampf in Farbe – schwere Güterzuglokomotiven:
Am 23. Februar 1969 leistete 44 463 des Bw Rottweil bei Böblingen ganze Arbeit. Noch standen doppelte Telegrafenmasten an der Gäubahn!
Aufnahme: Schlipf

Im Sommer 1965 herrschte im Raum München wegen der vielen Sonderleistungen anläßlich der Verkehrsaustellung »IVA« Lok- und Gleismangel. So konnte die Bremslok 45 023 im Bahnhof Mittersendling vor einem regulären Güterzugdienst beobachtet werden. Die Hilfe einer V 60 hätte gerade diese Maschine sicher nicht nötig gehabt. Die dritte Traktionsart ist mit E 41 001 vertreten.
Aufnahme: Sahm

Bevor die moderne Post der Postmoderne den Brieftransport auf die Straße verlegte und zu einer Zeit, da die E 18 zwischen Frankfurt und Freilassing ein weitgespanntes Streckennetz befuhr, stand E 18 36 am 6. August 1967 in Frankfurt Hbf mit dem E 504 zur Abfahrt um 16.45 h bereit.
Aufnahme: Eggerstedt

Auf dem 1961 in Lauffen entstandenen Foto arbeitet eine E 91 aus Kornwestheim, während 99 716 zur Fahrt ins Ausbesserungswerk verladen ist. Die »alte Dampflok« ist übrigens mit dem Baujahr 1927 zwei Jahre jünger als die nicht mehr gar so moderne Ellok.
Aufnahme: Illig, Sammlung Wollny

Moderne Bundesbahn

Bundesbahn und Goggomobil! Sowohl der Autotransport auf doppelstöckigen Wagen als auch die Schaffung von Parkmöglichkeiten für Bahnkunden waren Ideen der modernen Bahn. Die bundesdeutsche Motorisierung sollte freilich über Kabinenroller, Isettas und Goggomobile schnell hinweggehen. Neue Goggos des Modells 1956 treten ihre Reise zu den frohen Kunden an. Eine kleine gesamtdeutsche Gemeinsamkeit: Auch die DDR baute mit dem P 70, dem P 50 und dem Trabant 600 einst Autos, die quer auf Güterwagen paßten.
Aufnahme: Doh

Ein unbekannter Goggomobilist hat 1967 als Pionier des Park-and-Ride-Verfahrens seine 15 PS-Limousine in Freiburg-Littenweiler auf die Güterrampe gestellt, um sich für die Weiterreise der Bundesbahn anzuvertrauen. Eine Anregung für Modellbahner ist der 1935 in den Güterschuppen eingebaute Oberleitungsmast.
Aufnahme: Wollny

Fahrleitungen wurden 1963 in Fulda (und in vielen anderen Bahnhöfen!) montiert. Anstelle eines Sturzhelms trägt der Lassowerfer in luftiger Höhe einen Hut wie aus einem Wild-West-Film. Bundesbahn im Wandel auch bei den Signalen: Nur noch ein Formsignal steht zwischen den Lichtsignalen. Im Hintergrund eine Reihe der heute auch längst verschwundenen Kühlwagen.

Aufnahme: Först, Sammlung Knipping

Von etwa 1500 Kilometern im Jahre 1949 wuchs das elektrifizierte Streckennetz bis 1961 auf 4000 Kilometer, um sich bis 1968 nochmals auf 8060 Kilometer zu verdoppeln. Die Inszenierung mit altem und jungem Eisenbahner vor der Gedenktafel erinnert freilich weniger an die Feier eines Baufortschritts als an eine Schweigeminute mit gesenkten Stromabnehmern zu Ehren des unbekannten Fahrleitungsmasten.

Aufnahme: Först, Sammlung Knipping

In einer Unverhülltheit, die Filmschönheiten noch nicht erlaubt war (Hildegard Knef erschütterte mit einer sekundenlangen Nacktszene hinter dem Duschvorhang 1950 die Republik!), durfte sich V 200 001 während des Baus zeigen. Wir sehen das geschweißte Kastengerippe auf der Werksdrehscheibe von Krauss-Maffei.

Aufnahme: Werkfoto, Sammlung Burkhardt

Am 2. Juni 1953 war das gute Stück bis auf die Angabe der Betriebsnummer fertig und wurde auf dem Bahnhof München-Allach fotografiert.
Aufnahme: Werkfoto Krauss-Maffei, Sammlung Burkhardt

Schöner konnte die moderne DB wohl nicht sein: Ein VT 95 der Vorserie nebst Beiwagen wendet am 13. Juni 1951 in Füssen. Wer möchte da nicht Urlaub machen, z.B. für jene DM 1.50 pro Nacht mit Frühstück, die die Eltern von Mitverfasser Knipping im Sommer 1951 für ihre Ferien im Voralpenland anlegen mußten.
Aufnahme: Sammlung Asmus

Eines der am wenigsten bekannten Neubautriebfahrzeuge der DB war der VT 07. Für noch vorhandene Mittel- und Steuerwagen der Schnelltriebwagenbauart »Berlin« ließ die DB 1951 in Donauwörth die beiden Triebwagen VT 07 501 und 502 mit passender Kastenform herstellen. Die Technik der dieselhydraulischen Fahrzeuge lehnte sich eng an den VT 08 an. Die äußere Erscheinung erreichte aufgrund der für den Fahrgast angenehmen tieferen Lage des Fußbodens nicht die Eleganz der SVT 04 und 06 (Schnelltriebwagen der Bauarten Hamburg, Köln und Berlin). Die betriebliche Bewährung des VT 07 war unzureichend, so daß die beiden Drei-Wagen-Züge nach nur acht Jahren 1959 abgestellt wurden.

Aufnahme: Werkfoto Voith, Sammlung Knipping

Zur »modernen DB« gehörten natürlich auch noch Dampflokomotiven, auf die man im Wiederaufbauzeitalter sehr stolz sein durfte: Der Jahresbericht der Bundesregierung für 1950 enthielt insgesamt zwei Fotos, einer zeigte Bundeskanzler Adenauer, das andere die 23 001! Hier steht 23 033 im Jahre 1954 im vollen Glanz ihres frischen Lacks und mit dekorativen Kesselringen auf dem Hof des Herstellerwerks Henschel. Nur zwanzig Betriebsjahre waren ihr vergönnt.

Aufnahme: Sammlung Asmus

Was bei vielen Neubaudiesel und -E-loks eine Selbstverständlichkeit war, blieb bei den Dampfloks eine große Ausnahme: Die Krupplieferung der Baureihe 23 von 1955 (23 053–064) trug den soeben eingeführten »DB-Keks« an der Rauchkammertür. »Moderne DB« war auch die 50 4001 mit Franco-Crosti-Vorwärmer. Aufnahme in Bingerbrück 1964.

Aufnahme: Blaschke

Man interessiert sich für Tenderloks:
Die Dampflok erregt Aufsehen, weil sie so neu ist: 65 013, von Krauss-Maffei soeben fertiggestellt, wurde im Oktober 1951 auf einem Straßenroller zur Ausstellung »Schiene und Straße« in Essen überführt, wo sie neben der von derselben Firma instandgesetzten 05 003 gezeigt wurde. Zwei Kinder sehen sich den Schwertransport an.
Aufnahme rechts: Sammlung Asmus

Zwölf Jahre später war zwar eine Dampflokomotive noch keine Sensation, aber wenn da am 20. Juni 1963 in Aulendorf die letzte Vertreterin einer ganzen Gattung, in diesem Falle die 75 042 als letzte württembergische T 5, verabschiedet wurde, interessierten sich jung (mit Zopf!) und alt (mit Hut!) für dieses Ereignis. Als Ablösung lauerte übrigens nicht die Diesellok, sondern stand die 64 bereit.
Aufnahme links: Bucher

Im Spätherbst 1952 standen auf dem Stutzen hinter Gleis 36 im Starnberger Flügelbahnhof des Münchner Hauptbahnhofes die E 10 003 und 001 fotogen vor der Wand des ehemaligen bayerischen Verkehrsministeriums. Die Versuchsloks gehörten noch nicht zum Bestand der Deutschen Bundesbahn, sondern warteten auf ihre Abnahme. Das Interesse des Publikums war ihnen sicher, waren sie doch die ersten Elloks der DB mit blauer Lackierung. (Blaue E 70 und 71 sind Produkte der Phantasie von Modellbahnherstellern).

Aufnahme: Sammlung Asmus

Im Gegensatz zu den Dieselfahrzeugen wahrten Bundesbahn und Industrie bei der äußeren Gestaltung ihrer neuen Elloks große Zurückhaltung. Der von manchen Beobachtern bedauerte Verzicht auf modischen Zierrat gerade bei der neuen Schnellzuglok E 10 ließ jedoch ein zeitlos elegantes Fahrzeug entstehen. Dessen wurde man sich freilich erst bewußt, als die schöne Farbkombination schwarzblau-silber in den siebziger Jahren ohne Not aufgegeben wurde. E 10 107 hat zur Ehre des Fototermins beide Stromabnehmer am Draht, was bei der Bauart mit doppelten Schleifstücken ja nicht erforderlich ist.

Aufnahme: Sammlung Asmus

Die Bundesbahn stellte 1962 nach dem violett-elfenbein-farbenen Mitropa-Luxuszug des Jahres 1927 und dem blauen Schürzenwagenzug des Jahres 1951 zum dritten Mal einen neuen »Rheingold« vor. Dieses Mal war es ein in blau-beige lackierter elektrisch bespannter Zug, der als als erster nach dem Krieg wieder die prestigeträchtigen 160 km/h des legendären »Fliegenden Hamburger« erreichte. Eine zweifarbige Sonderausführung der E 10 mit geändertem Getriebe war die Zuglok. Das Bild zeigt die E 10 1242 im Februar 1962 vor der Inbetriebnahme in München-Allach vor den Toren des Herstellerwerks Krauss-Maffei.

Aufnahme: BZA München, Sammlung Asmus

Die provisorischen Rheingold- und Rheinpfeil-Loks E 10 1239-1244 und 250-254 wurden alsbald in die Regelausführung zurückgebaut und durch die E 10 1265-1270 und 1308-1312 ersetzt. Bei ihnen wie auch bei allen Serien-E 10 ab Nr. 288 hatte man das schlichte Design der E 10 nun durch die sogenannte »Bügelfalte« korrigiert. Diese wirklich bescheidene Änderung verbesserte das Erscheinungsbild der Lok erheblich. Mit viel weniger Aufwand als bei V 200 und VT 11 und ohne wie dort Unbequemlichkeiten für den Lokführer in Kauf zu nehmen, hatte man ein sehr einprägsames neues »Bundesbahn-Lok-Gesicht« geschaffen. Leider blieb das Design der ab 1974 gelieferten Nachfolgebauart 111 hinter der Eleganz der »Bügelfalten-E 10« deutlich zurück.

Aufnahme: Werkfoto, Sammlung Asmus

Zur »alten Bundesbahn« gehörte natürlich die schon 1925 gebaute E 91 10. Sie war aber als sechsachsige laufachslose Elektrolok doch auch schon eine frühe Vertreterin moderner Prinzipien. In der Entwicklungsreihe dieser Elloks vertrat sie die Bauart mit Stangenantrieb, die sich im Betrieb durch große Robustheit auszeichnete, bei höheren Geschwindigkeiten aber in der Laufruhe nicht mehr befriedigen konnte. Zum Aufnahmezeitpunkt 1957 vermittelten die großen Signallaternen den Eindruck einer »Ellok-Oma«. Die in der bayerischen Heimat der E 32, E 52 und E 91 gebräuchliche Übergangstür in der Stirnwand ist endgültig verschlossen. Das Foto der nunmehr für den schweren Rangierdienst bestimmten Kornwestheimer Lok entstand in Bad Cannstatt.

Aufnahme: Sammlung Rieger

Als 1936 die E 93 11 gebaut wurde, hatte sich bereits der bis heute übliche Einzelachsantrieb durchgesetzt. Die laufachslosen Drehgestell-Elloks der dreißiger Jahre E 44 und E 93 gehörten zwar zur älteren Garde der Bundesbahn, dürfen aber als Vorgänger aller modernen Elloks von der E 10 bis zur 101 gelten. Das Bild mit den in den sechziger Jahren ausgestorbenen hölzernen Flachdachgüterwagen wurde in Untertürkheim Rbf 1953 gefertigt.
Aufnahme: Sammlung Rieger

Nachdem der E 91 (2200 kW) und der E 93 (2500 kW) die kräftigere E 94 (3300 kW) gefolgt war, konnte die 1957 auf die Schienen gekommene E 50 mit 4500 kW (jeweils Stundenleistung) als die weitaus stärkste bis dahin in Deutschland je gebaute Lokomotive gelten. Ihre ersten Bewährungsproben legte sie im Spessart zwischen Würzburg und Aschaffenburg ab, später fand sie auch zwischen Würzburg/Frankfurt und Hannover typische Einsatzstrecken.

Aufnahme: Sammlung Asmus

Die Deutsche Bundesbahn machte 1965 Schlagzeilen mit der E 03, die dafür geschaffen war, die damalige »Schallmauer« des Schienenverkehrs, nämlich 200 Stundenkilometer zu erreichen. Die Japaner hatten 1964 den Regelbetrieb mit dieser Geschwindigkeit aufgenommen, so daß Deutschland mit dem Vorführbetrieb zwischen München und Augsburg während der Internationalen Verkehrsausstellung das zweite Land der Welt war, in dem Reisende so schnell eisenbahnfahren durften. Bis zum Beginn des Alltagsbetriebes mit 200 km/h auf einem nur sehr allmählich größer werdenden Netz gingen freilich noch einmal Jahre ins Land, Jahre, in denen mit den vier Probeloks E 03 001-004 ein riesiges Versuchsprogramm absolviert wurde, dessen Ergebnisse für das ICE-Zeitalter unverzichtbar bleiben. Das Bild zeigt E 03 001 mit dem IVA-Pendelzug am provisorischen Bahnsteig beim München Messegelände. Nicht für die Anhängelast, sondern für die Geschwindigkeit konnte diese sechsachsige Lok 6400 kW aufbringen, die bei der Serienausführung auf etwas über 7000 gesteigert wurden!

Aufnahme: Sammlung Asmus

Dampf über der Bundesbahn –

eine Liebeserklärung an die Eisenbahn unserer Kindheit und ein Album meisterlicher Dampflokfotografie

Die ganze Schönheit winterlichen Dampfbetriebs in Aufnahmen von Gottfried Turnwald. Am Heiligen Abend 1964 verläßt 18 622 Buchloe und trägt ein Weihnachtssträußchen an der Rauchkammertür. Außer ihr waren von der S 3/6 nur noch 18 614 und 630 in Betrieb. Ob der Dampf aus den Zylinderhähnen die ganze Lok einhüllt oder wie hier dem Pufferträger ein Wattepolster auflegt, gehört nebst Wolkenbewegung, Wind und Zufällen der Heiz- und Fahrtechnik zu den Unwägbarkeiten der Dampflokfotografie.

An ebendemselben 24. Dezember 1964 stieß auch 38 3863 in Buchloe eine prächtige Dampfwolke in den klaren Winterhimmel.

Die 01 112, eine der 1950 mit Mischvorwärmer und Verbrennungskammer ausgerüsteten 01, befuhr vom Bw Nürnberg Hbf aus im Februar 1964 die Strecke nach Marktredwitz und wurde am Vorsignal mit Treppchen zwischen Immenreuth und Neusorg für die Nachwelt festgehalten.

Bereits im März 1956 begegnete 50 2806 östlich von Radldorf auf der Strecke auf der Strecke Regensburg–Passau vor einem schweren Güterzug dem per Bahn angereisten und geduldig wartenden Fotografen. Pufferträger, Aufstiege zur Rauchkammer und Handgriffe waren von Rauhreif überzogen.

Die P 10 auf der Allgäubahn bei Bühl am großen Alpsee in sommerlichen Fotografien von Gottfried Turnwald:
39 160 war von Februar 1949 bis zur Z-Stellung im März 1959 fast genau zehn Jahre beim Bw Kempten. 1953 wurde sie bei kraftvoller Bergfahrt aus Immenstadt in Richtung Oberstaufen festgehalten. Sie selbst wie auch der Postwagen verkörpern frühe Reichsbahnzeit.

Die 39 141 diente dem Bw Kempten vom letzten Tage des Jahres 1948 bis zur Z-Stellung im Juni 1959. Im September 1954 führte sie einen Personenzug und wurde fast am selben Aufnahmestandort im Bilde festgehalten.

Kaum ein Dia- oder Videoproduzent unserer Tage nimmt heute noch die Anstrengung und das Risiko echten fotografischen Denkens auf sich, wie es den Schöpfer dieses Bildes anno 1953 inspiriert hat, als er die 39 141 mit abblasendem Sicherheitsventil von der Schattenseite hinter Bäumchen und Telegrafenmast ins Bild setzte.

Auf dem Foto von 1952 führt 39 145 wieder einen Zug von Immenstadt nach Lindau in Richtung Oberstaufen bergwärts. Züge aus P 10 und »Hechtwagen« hatten nach der Lieferung beider Fahrzeugtypen dreißig Jahre früher auch nicht nennenswert anders ausgesehen. Was gäben wir nicht alles darum, noch einmal an so einem ländlichen Bahnübergang auf Dampfzüge warten zu dürfen...

Man verzeihe den Verfassern eine gewisse Bevorzugung der Allgäubahn von München und Augsburg über Kempten nach Lindau! Die Romantiker unter den Eisenbahnfotografen hielten es zu einer Zeit, als sie noch überall Dampflokomotiven antreffen konnten, nicht anders! Diese Doppelseite ist der S 3/6 in DB-Umbauform gewidmet.
18 607 kam im September 1962 am Alpsee vorbei, wo der Fotograf so viele schöne Fotostandorte wußte. Ganz kleine Details haben bemerkenswerte Auswirkungen auf das Aussehen einer Dampflok: Das vordere Nummernschild ist anders als bei den meisten Schwesterloks ein klein wenig unterhalb der Mitte der Rauchkammertür montiert und läßt deren Rundung besser hervortreten.

Aufnahme: Turnwald

Im September 1959 war die Stellung der 18.6 im großen Schnellzugdienst zwischen München und dem Bodensee noch völlig unangefochten. 18 613 zeigt ihre majestätische Erscheinung vor einem D-Zug mit Vorkriegsspeisewagen auf der Ellhofener Brücke bei Hergatz. Die doppelgeständerte Telegrafenleitung führt durchs tiefe Tal.
Die unerhört aufwendige Anlage der Allgäubahn war eine Folge der um die Mitte des vorigen Jahrhunderts noch aktuellen politischen Forderung, beim Bau einer innerbayerischen Verbindung die Berührung württembergischen Gebiets zu vermeiden. Bereits mit der Reichsgründung 1871 traten solche Probleme in den Hintergrund. Genauso wie die Investitionsversäumnisse während beider Weltkriege und während der Weltwirtschaftskrise und der Zwang, in großer Zahl ostvertriebene Eisenbahner zu integrieren und im Ruhestand zu versorgen, gehörten auch die historisch bedingten Kuriositäten des Streckennetzes zu den Erblasten der Bundesbahn, die bis heute ihre Auswirkungen auf Effektivität und Wirtschaftlichkeit deutschen Eisenbahnwesens haben.
Aufnahme: Turnwald

Bei Böblingen auf der Gäubahn entstand am 23. 4. 1966 das dynamische Bild der 44 463 vor G 6944. Man glaubt, den Auspuffschlag der Drillingsmaschine über dem weiten Tal hören zu können.

Aufnahme: Knapp

An einem sonnigen Tag des Jahres 1963 führte 01 187 mit Neubaukessel vom Bw Hof den E 574 Hof–Stuttgart und eilte bei Schwarzenbach an der Saale entlang.

Aufnahme: Tausche

Die P 8! Inbegriff der Kontinuität deutscher Eisenbahngeschichte über zwei Weltkriege hinweg und noch in den sechziger Jahren Symbol der Gemeinsamkeit der beiden Bahnen im geteilten Deutschland.
In Stuttgart-Bad Cannstatt wurde 1962 eine 38er mit Wannentender vor einem Eilzug nahe der Einfahrt in den Rosenstein-Tunnel im Bilde festgehalten. Der Zug ist aus vierachsigen Umbauwagen sowie achttürigen Wagen der Vorkriegsbauart gebildet, wobei der reine Erster-Klasse-Wagen an drittletzter Stelle für einen Eilzug nicht alltäglich war.

Aufnahme: Landesbildstelle Baden-Württemberg

Bei Radldorf rollte 38 2734 1955 durchs vorfrühlingshafte Donautal (Strecke Regensburg–Passau). In der unendlichen Reihe der Varianten der P 8 vertritt sie Klassik mit den Windleitblechen und DB-Moderne mit dem Wannentender. Ganz klassisch gereiht ist auch der Personenzug: Einem Güterwagen (für Expreß- oder Stückgut?) folgen der Post- und der Gepäckwagen sowie die mit einem Bayern aufgelockerte Reihe der Einheits-Donnerbüchsen.

Aufnahme: Turnwald

Die Jahreszahl der deutschen Vereinigung führt diese 38 als Ordnungsnummer. Irgendwo im Einsatzbereich des Bw Tübingen schien Ende der fünfziger Jahre die Wintersonne auf sie und ihren Bilderbuch-Personenzug. Das jüngste Fahrzeug im Zug ist ein zweiachsiger Neubaupostwagen.

Aufnahme: Doh

Vom Bw Tübingen dampfte 38 2039 am 25. November 1967 vor E 4505 durch Derendingen auf der Strecke Tübingen–Sigmaringen.

Aufnahme: Knapp

Rauch über der Bundesbahn:
03 055 kocht im Bahnhof Stade am 29. April 1967 Dampf für die Weiterfahrt nach Cuxhaven. Auch für Wasser wäre bei Bedarf gesorgt.

Aufnahme: Blaschke, Sammlung Eisenbahnclub Adler e.V.

Die 44 460 schleudert in Böblingen Dampf und Rauch in den Himmel, um die Ausfahrt mit einem schier unendlichen Güterzug zu meistern.

Aufnahme: Wollny

Schwerer Güterzugdienst in Württemberg. Die auf der Vorseite kennengelernte Gäubahn-Schwerarbeiterin 44 460 vom Bw Rottweil trifft am 20. Oktober 1968 mit Dg 6944 Kornwestheim–Singen in Rottweil ein. Heute sind selbst die Umbaudreiachser nur noch ein Stück Erinnerung.

Aufnahme: Knapp

Die 50 522 vom Bw Radolfzell fuhr am 30. November 1968 den Ng 8956 Horb–Singen und hatte bei der Ausfahrt Tuttlingen ganze Arbeit zu leisten.

Aufnahme: Knapp

Auf der Strecke Kassel–Paderborn in Buke kurz vor Altenbeken 44 1067 mit G 6732 am 3. Mai 1967. Sie gehörte zu den von manchen Eisenbahnfreunden besonders geliebten 44ern mit Umlaufschürze und sollte erst 1976 als eine der letzten und meistfotografierten 44er der DB aus dem Dienst ausscheiden.

Aufnahme: Knapp

Am 8. April 1967 dampft 23 086 bei Michelbach mit dem Personenzug 2799 Stuttgart–Heilbronn–Crailsheim in die Morgensonne. Doppelmasten säumen die Strecke.
Aufnahme: Knapp

Höchste Zeit, unserem Rückblick endlich auch einmal ein schönes Porträt der 78er einzureihen, über die Karl-Ernst Maedel 1960 in seiner »Geliebten Dampflok« schrieb: »... die gute T 18. Das ist auch so eine Lok, von der man nicht spricht. Der nie jemand ein Denkmal setzt und auch nie eins setzen wird. ... Die 01 und 03 kennt jeder, weil es Schnellzugloks sind. In jedem Eisenbahnbuch steht ein langes und breites über sie geschrieben. Aber über die T 18? Mein Freund, die kennt man nicht...«
Niemand hätte 1960 geahnt, daß die P 8 und die G 8.1, die 50 und die 86, die Pt 2/3 und die T 18 Jahrzehnte später, lange nach ihrem Abschied vom regulären Betrieb, durchaus noch – oder mehr denn je! – ein Thema sein würden, für dokumentarische Bemühungen in Form dicker Bücher genauso wie für kompromißlosen Modellbau, für Museumsvereine genauso wie für die Sammler historischer Fotos.
Ein ehrendes Wort verdienen aber nicht nur die Eisenbahner und die Maschinen der einstigen Alltagsbahn, sondern auch Publizisten wie Karl-Ernst Maedel, Klaus Gerlach, Dr. Albert Mühl oder Dr. Peter Kristl, um nur ganz wenige zu nennen: Sie haben sich zu einer Zeit, als die Flugzeuge nicht schnell genug und die Autos nicht groß genug sein konnten, zu ihrer Liebe zur alten Eisenbahn und ganz besonders zur Dampflokomotive bekannt. Mit Zitaten aus ihren Büchern und Zeitschriftenartikeln im Hinterkopf, mit Bildbeispielen aus ihren Werken als Vorbild, begab sich eine junge Schar von Eisenbahnfreunden vom zwölften oder vierzehnten Lebensjahre an in die Bahnhöfe, an die Strecken und in die Betriebswerke, in so jungen Jahren selbst nicht ahnend, daß sie hier bereits einem ganz großes Thema ihres Lebens auf der Spur waren...
Zurück zu unserem Foto: 78 222 war von 1948 bis zur Z-Stellung 1967 beim Bw München Hbf und gehörte damit zu den vielen Preußen, die in Bayern heimisch wurden. Für die Entwicklungsgeschichte der Zugförderung wichtig ist das unscheinbare Gefährt auf dem Nachbargleis im Holzkirchner Flügelbahnhof: Es handelt sich um einen der drei Probesteuerwagen, die 1951-53 aus alten ES 85 umgebaut wurden, um als ESG 01-03 im Wendezugbetrieb mit der E 44 eingesetzt zu werden. Diesem Betriebskonzept stand eine große Zukunft bevor! Aufnahme am 26. April 1964.

Aufnahme: Blaschke

Eine Alltagslokomotive ohne Kosenamen, ohne Legende und ohne irgendeinen Ruf von Schönheit oder Bedeutung war auch die preußische G 10, die zu ihrer Zeit in halb Europa verbreitet war. Streckenfotos aus ihren späten Jahren sind selten, war sie doch bei der DB fast überall nur eine Rangier- und Arbeitszuglokomotive.

Das Bahnhofsbild aus Schwenningen zeigt dafür auch in voller Schönheit ein württembergisches Stellwerk. 57 2491 gehörte zu der am Aufnahmetag im Juli 1965 mit 16 Maschinen immer noch beachtlichen 57er-Gruppe beim Bw Haltingen.

Aufnahme: Seitz

Die 01 088 des Bw Hof zeigt Räder, Triebwerk und Zylinder im schräg einfallenden Licht eines Wintertages Anfang 1968. Das Weichensignal mit symbolisierter Gleiskrümmung kennzeichnet eine Außenbogenweiche.

Aufnahme: Wollny

Die 38 1772 im winterlichen Streiflicht in Böblingen im Dezember 1967, sieben Jahre bevor sie als letzte Vertreterin ihrer so außergewöhnlich langlebigen und erfolgreichen Gattung verabschiedet wurde.
Aufnahme: Wollny

Herbst in Limburg an der Lahn. Eine 50 fährt mit dem G 7221 an Dom und Altstadt vorbei, während nur noch Unentwegte auf dem Campingplatz am anderen Lahnufer ausharren. Bundesbahnalltag am 24. September 1966.

Aufnahme: Knapp

Auch zur Dampflokzeit mußte nicht jedes stimmungsvolle Foto eine Dampflokomotive abbilden. In Rehlings im westlichen Allgäu hatten es dem Künstler im Morgennebel die doppelten Telegrafenstangen angetan, die hier mit einigen Ergänzungsleitungen unten und einer vorwitzigen Querleitung ganz oben eine besondere Eigenwilligkeit zeigten. Schwach erkennbar der Bahnsteig, der keiner ist: Man steigt, nachdem man im Scheine eines zierlichen Laternchens auf der Bank gewartet hat, von einer planierten Fläche auf Schwellenniveau in die Abteilwagen oder die Donnerbüchsen, um sich von einer P 3/5 oder einer P 8 nach Lindau oder Immenstadt bringen zu lassen.
Aufnahme: Schneiders

Bundesbahnerinnerung – nicht ohne Gedenkblätter für die 01! 01 061 mit altem Kessel beendete ihre Laufbahn nach 40 Dienstjahren beim Bw Trier. Das Foto zeigt sie vier Monate vor der Z-Stellung am 5. April 1968 mit P 1567 bei Gerolstein.
Aufnahme: Knapp

Die 01 182 hatte einen der umstritten gebliebenen Neubaukessel erhalten und stand in den Diensten des Bw Nürnberg Hbf, als sie im Oktober 1963 in einer wunderbar intakten alten Eisenbahnlandschaft mit Wärterhaus und Telegrafenleitung bei Heilsbronn auf der Strecke auf Strecke Nürnberg–Crailsheim vor einem Eilzug fotogerechten Prachtdampf erzeugte. Rechts sehen wir einen Neigungsanzeiger, auch ein ausgestorbenes Relikt einer Zeit, in der ein Lokkessel vor Steigungen gut beheizt sein wollte, während bei der Talfahrt ein paar Zentimeter mehr Wasser nicht schaden konnten, um jedes Risiko einer Entblößung und Ausglühung der Feuerbüchsdecke auszuschließen.
Aufnahme: Knapp

Für gute Eisenbahnfotos muß nicht immer die Sonne scheinen. Der Juniregen von 1957 benetzte im Hauptbahnhof von Münster die 24 017 des Bw Gronau vor dem Personenzug nach Coesfeld und die 03 167 des Bw Osnabrück Hbf. Die Baureihe 24 entsprach weitgehend der 64, doch hatte sie als Schlepptenderlok schlechtere Laufeigenschaften als die vorne und hinten von Laufachsen geführte 64 und wurde deshalb früher als diese für entbehrlich gehalten. Als »03 des Modellbahners« und als betriebsfähige Museumslok sicherte sie sich aber ihren Platz in den Herzen der Eisenbahnfreunde.

Aufnahme: Rotthowe

Wir lassen es wieder Winter werden im Dampfparadies zwischen Allgäu und Altona.
Über Ort und Zeit dieses Bildes hat der Fotograf keine Angaben hinterlassen. Ihm ist jedoch ein so absolutes, von örtlichen Verhältnissen und Zugläufen so losgelöstes Bild von der Eisenbahn in der Weite des Raumes entstanden, daß solche Angaben durchaus entbehrlich sind.
Aufnahme: Doh

Eine 86 fährt Anfang der fünfziger Jahre im Winterlicht von Lindau aus nach Kißlegg. Die Wagen sind bayerischer Herkunft.
Aufnahme: Schneiders

Vor Schweizer Leichtschnellzugwagen dampft 18 619 von Kempten nach Immenstadt. Wie Kunstwerke stehen die doppelgeständerten Masten mit ihren Isolatorenreihen an der Strecke.

Aufnahme: Doh

Schon der Anblick läßt den Betrachter frösteln: Man ist mit einer 78er am 16. Februar 1956 in Hamburg Hbf angekommen. Über dem Briefkasten zeigt ein Pfeil zum »öffentlichen Fernsprecher«.
Aufnahme: DB, Sammlung Neumann

Am selben 16. Februar des Jahrhundertwinterjahres 1956 überzieht der Rauhreif außerhalb der Halle die beiden 78er genauso wie das Brückengeländer und das Signal, dessen Flügel rückseitig die »Negativ«-Farbgebung mit dunkler Fläche und hellem Rand tragen.
Aufnahme: DB, Sammlung Neumann

Eine Lokomotive, der die Zeitgenossen keine Lorbeerkränze flochten, war auch die bayerische G fl oder 5415 der Reichs- und Bundesbahn. Sie war aber eine der wirtschaftlichsten Maschinen ihrer Zeit. Das Winterbild zeigt die 54 1635 zwischen Nürnberg-Dutzendteich und Nürnberg Rbf im Februar 1958.
Aufnahme: Turnwald

Vor einer einheitlich bayerischen Garnitur befuhr 86 851 den Viadukt bei Burgthann auf der Strecke nach Allersberg.
Aufnahme: Turnwald

Der Fotograf nennt dieses Bild »Fahrt in den Abend«. Eine 50 noch mit großen Windleitblechen im März 1956 bei Münster auf der Fahrt nach Osnabrück. Links im Bild die ältere Ausführung des Neigungsanzeigers mit großen Zeigern.

Aufnahme: Rotthowe

Zwischen Storzingen und Oberschmeien auf der Schwäbischen Alb blickte der Fotograf dem preußischen Personenzug aus P 8 und Abteilwagen auf seiner Fahrt von Tübingen nach Sigmaringen nach.
Aufnahme: Doh

Weitere Nachblicke auf die alte Bundesbahn! So schön konnte die DB sein, als sogar an den Lokalbahnen noch Doppelmasten standen, und so schön konnte man sie fotografieren, wenn man auch einen Blick für andere Motive als »schräg vorn mit Sonne im Rücken« hatte! Eine 98.8 fährt im Jahre 1954 von Cham nach Miltach.

Aufnahme: Turnwald

Im unteren Neckartal vor der Einfahrt nach Gundelsheim gelang dieses Landschaftsbild mit einer 44 zu Füßen des Schlosses Horneck und der Weinberge.
Aufnahme: Doh

Diese P 8 fuhr 1954 nördlich von Wolnzach Bf in Richtung Ingolstadt. 1960 sollten die Doppelmasten der Fahrleitung weichen.
Aufnahme: Turnwald

Die Dampfwolken verwehen, die Auspuffschläge und das Lied der Räder auf den Schienenstößen verklingen in der Ferne, es heißt nun wieder Abschied zu nehmen von unserer alten schönen Deutschen Bundesbahn, die wir für die Länge eines Buches und über eine Strecke von 288 Fotografien wieder zum Leben zu erwecken versuchten.

Wenn es uns gelungen ist, Ihnen, lieber Leser, einen Gruß aus der Vergangenheit zu übermitteln und eine Ahnung von der Arbeit und von den Freuden der Eisenbahner und der Reisenden und von der Schönheit unserer Heimat vor drei und vier Jahrzehnten wachwerden zu lassen, dann hat sich unsere Arbeit gelohnt.
Aufnahme: Doh

Eisenbahn-Bücher erster Klasse

Udo Paulitz
Dampfimpressionen in Deutschland
Eine Symphonie aus Dampf und Rauch in tollen Bildern.
128 Seiten, 31 sw-Abb., 140 Farbabb., geb.
DM 59,–/sFr 54,50/öS 431,–
Bestell-Nr. 71028

Markus Widmer
Eisenbahnbrücken
Die großen Meisterwerke der Ingenieure in Österreich, der Schweiz und in Deutschland.
128 Seiten, 28 sw-Abb., 131 Farbabb., geb.
DM 59,–/sFr 54,50/öS 431,–
Bestell-Nr. 71019

Wolfgang Messerschmidt
Schnelle Stars der Schiene
Ein Blick hinter die Kulissen von ICE, TGV und Co., ihre Technik und ihre Strecken.
144 Seiten, 126 sw-Abb., 52 Farbabb., 22 Zeichn., geb.
DM 59,–/sFr 54,50/öS 431,–
Bestell-Nr. 71056

Dietmar Klubescheidt
Eisenbahnen der Welt
Es gibt kaum einen Winkel der Erde ohne Gleise. Tausende Kilometer kommen da zusammen. Und fast soviele Geschichten über die Eisenbahn. Die faszinierendsten erzählt dieses Buch – von der »Heiligen Bahn« der Araber, der letzten Dampflokfabrik in China bis zu den Zügen der Peruanischen Zentralbahn.
ca. 160 Seiten, 120 Farbabb., gebunden
ca. DM 49,80/sFr 47,50/öS 364,–
Bestell-Nr. 71066

Karl-Ernst Maedel
Bekenntnisse eines Eisenbahnnarren
Storys über vitale Dampfloks, Lokführer, Heizer und eine große Liebe zur Eisenbahn.
256 Seiten, 22 sw-Abb., geb.
DM 29,80/sFr 29,80/öS 218,–
Bestell-Nr. 71051

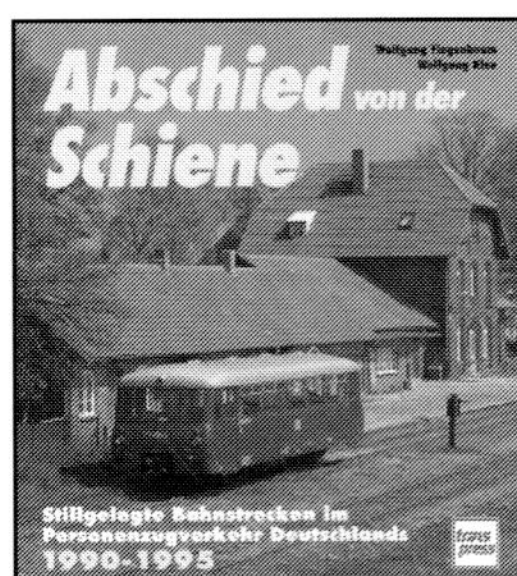

Fiegenbaum/Klee
Abschied von der Schiene Band 3
Stillgelegte Strecken im Personenzugverkehr 1990–1995.
200 Seiten, 226 sw-Abb., 32 Farbabb., geb.
DM 59,–/sFr 54,50/öS 431,–
Bestell-Nr. 71057

Riccardo Mezzanotte
Züge der Alpen
Mit der Bahn durch die fesselnde Bergwelt. 55 Strecken-Porträts, dazu alles über Spurweiten, Technik und Systeme.
144 Seiten, 365 Farbabb., geb.
DM 39,80/sFr 37,90/öS 291,–
Bestell-Nr. 71041

VERKEHRS-GESCHICHTE

Jedes Buch dieser Reihe bietet eine sorgfältig recherchierte Dokumentation zur Historie von Bahngesellschaften und Strecken, zu Triebfahrzeugen, Wagen und Betriebsergebnissen. Dazu gibt's viele historische und aktuelle Bilder rund um den Bahnbetrieb. Die Reihe »Verkehrsgeschichte« wird laufend erweitert.

Wolf-Dietger Machel
Die Mecklenburg-Pommersche Schmalspurbahn
136 S., 85 sw-Abb., 11 Farbabbildungen, 59 Zeichn., brosch.
DM 29,80
sFr 29,80/öS 218,–
Bestell-Nr. 71053

Stephan Kuchinke
Die Ludwigs-Süd-Nordbahn
Von Lindau nach Hof
144 S., 107 sw-Abb., 11 Farbabbildungen, 22 Zeichn., brosch.
DM 29,80
sFr 29,80/öS 218,–
Bestell-Nr. 71064

Erich Preuß
Die bayerische Zugspitzbahn
Auf den höchsten Gipfel der Rebublik.
112 S., 83 sw-Abb., 21 Farbabb., brosch.
DM 29,80
sFr 29,80/öS 218,–
Bestell-Nr. 71054

Stand August 1997 – Änderungen in Preis und Lieferfähigkeit vorbehalten

trans press

IHR VERLAG FÜR EISENBAHN-BÜCHER

Postfach 10 37 43 · 70032 Stuttgart
Telefon (0711) 2108065
Telefax (0711) 2108070

01 194